普通高等教育艺术设计类·新形态教材·

U0167403

微课视频版

建筑模型设计与制作

（第2版）

主　编　曾丽娟

副主编　吴健平　冯金辉　黄艳娜　秦斌　肖河章

 中国水利水电出版社
www.waterpub.com.cn
·北京·

内 容 提 要

本教材包括6章内容，分别是模型概述、模型制作材料与工具、模型设计构思及制作工艺、方案模型制作、标准模型制作和展示模型制作。教材重点对各种常见设计项目（如建筑设计、环境设计、城市规划等项目）开展过程中涉及的设计思路、建筑推导、环境空间构思等不同类型的建筑模型设计与制作的工艺流程与方法步骤进行了真实而详尽的解析，旨在通过三维实体的建筑模型制作，还原并推导虚拟的二维平面方案设计；通过实践性、参与性课程的设置与安排，引导学生在模型设计制作的过程中主动地根据现有的工具、材料、图纸，有意识地去组织、创新与创造，在反复练习中获得能力的提高和创造性思维的开发。

本教材呈现"互联网＋"立体化数字教材特色：教材、课件、视频三合一的视觉立体化，以及纸质与数字、线下与线上的阅读学习立体化。教材配有丰富的微课和案例视频、课件、自测试卷、拓展学习材料等教学资源，扫描书中二维码，可在移动客户端观看学习；获取封底激活码，即可线上阅读数字教材。

本教材可作为高等院校建筑设计、环境设计、风景园林、城市规划、建筑装饰、房地产开发建设等专业的教学用书，也可作为模型制作从业人员的培训用书。

图书在版编目（ＣＩＰ）数据

建筑模型设计与制作 ／ 曾丽娟主编. -- 2版. -- 北京 ： 中国水利水电出版社，2021.10
普通高等教育艺术设计类新形态教材
ISBN 978-7-5170-9655-9

Ⅰ．①建… Ⅱ．①曾… Ⅲ．①模型（建筑）－设计－高等学校－教材②模型（建筑）－制作－高等学校－教材
Ⅳ．①TU205

中国版本图书馆CIP数据核字(2021)第113490号

书　　　名	普通高等教育艺术设计类新形态教材 建筑模型设计与制作（第2版） JIANZHU MOXING SHEJI YU ZHIZUO
作　　　者	主 编 曾丽娟 副主编 吴健平 冯金辉 黄艳娜 秦 斌 肖河章
出版发行	中国水利水电出版社 （北京市海淀区玉渊潭南路1号D座　100038） 网址：www.waterpub.com.cn E-mail：sales@waterpub.com.cn 电话：（010）68367658（营销中心）
经　　　售	北京科水图书销售中心（零售） 电话：（010）88383994、63202643、68545874 全国各地新华书店和相关出版物销售网点
排　　版	中国水利水电出版社微机排版中心
印　　刷	清淞永业（天津）印刷有限公司
规　　格	210mm×285mm　16开本　10.25印张　305千字
版　　次	2012年10月第1版第1次印刷 2021年10月第2版　2021年10月第1次印刷
印　　数	0001—3000册
定　　价	**68.00元**

凡购买我社图书，如有缺页、倒页、脱页的，本社营销中心负责调换

第2版前言

　　《建筑模型设计与制作》第1版出版至今已近10年，承蒙各位读者的厚爱，广受欢迎。随着时代的进步，人们审美观的提高，以及工艺技术的进步，建筑模型制作与设计作品的表达与呈现也产生了新的方式。在不断积累行业专家、同行教授、学生等为本教材提供的宝贵意见和建议的基础上，梳理成为本次再版的指导思想。

　　近年来，建筑模型作品水平有了飞速的提高。2019年，中国首个建筑模型博物馆在上海落成，促使人们在不断地通过社会再教育的同时，提高自身对建筑模型的认知、理解与审美能力。本教材再版修订时，特别针对时代和专业发展需求进行了内容及图例的更新补充，在教材中注入了新理念、新方法，体现了作品的与时俱进。在多年的建筑模型设计与制作教学工作中，编者发现传统教材偏重理论教学，而忽略实操性的讲解，使得课程变得枯燥难懂，不仅打击学生的学习热情，也限制了学生的空间思维能力。为了使第2版教材更加生动、形象地呈现知识点，并使学生易于掌握吸收，教材编写着重体现以下两点特色：

　　一是本教材属于新形态立体化教材。本教材最大的特点是教材、视频、课件三合一立体视觉化呈现。传统的教材是纸质教材加课件，本教材则是重要知识内容呈现在纸质教材上，更多的案例项目、知识拓展及重要知识点转为二维码链接。链接内容包括了微课视频、模型制作案例视频、知识点视频讲解等。教材中丰富的案例项目，以项目训练方式，通过实训实验提交项目任务清单和报告书的形式，结合案例解析及扫码看微课讲解、案例分析视频等多维立体式的形式，详细地介绍了不同类型的模型设计、制作与工艺，帮助学生准确地了解每一个细节。立体化教材的开发应用使纸质教材变薄，低碳环保，手机随时随地扫码获得知识，符合当下"互联网+"时代背景下数字化、信息化课程教学需求。

　　二是本教材内容更注重模型制作的逻辑性。本教材根据专业设计思维习惯将方案模型、标准模型、展示模型作为重要章节，结合案例阐述，全面系统地介绍了建筑模型设计与制作的具体方法和过程。每个制作案例都把复杂、主观的二维图纸、三维效果图转化为清晰易懂的客观实体，深化了各门专业课程知识的综合运用能力。同时，本教材注重循序渐进，案例从简到繁，由易到难且按照由制作可行性分析、方案推敲过程、设计构思、主体建筑模型制作到作品展示的逻辑顺序逐一详细介绍和讲解，并附详细的工艺步骤图片及视频，内容立体、丰富。

现代建筑模型造型艺术感非常强烈，设计理念超前，而加工制作工艺与科技密切相关。因此，在这样一个不断更新发展的过程中，建筑模型的设计制作工艺体现着与时俱进的特点。本教材结合基础理论介绍与案例式项目的实训实验方式，图、文、视频三合一立体式进行全方位的解析，将目前最新的工艺设备、设计方法与制作工艺流程步骤图文并茂地进行解说，力求让建筑模型"平易"地走进大家的视野。

本教材的编写，还积累了广东海洋大学中歌艺术学院冯金辉老师、广东海洋大学黄艳娜老师、惠州学院肖河章老师多年的建筑模型教学成果。广州华之尊光电科技有限公司秦斌总经理在建筑模型制作技术上给予了指导与支持。能把从教多年的经验汇编成册，与大家分享，虽然编撰过程辛苦，但结果却是美好的。

本教材得以完成和出版，得助于出版社以及相关工作人员，是他们的慧眼给了这本教材与读者重新见面的机会，衷心感谢每一位为本教材付出辛苦劳作的人士。特别感谢为本教材出版提供支持帮助的广东技术师范大学陈静敏副院长、陈国兴副教授、陈超老师、吕阿罹老师和广州华之尊光电科技有限公司的刘玲艳工程师，以及协助本教材资料整理的环境设计专业谢洁莹、韦炳宇和卢慧琳等学生。

由于水平有限，本教材还存在很多不足，恳请读者予以批评指正。

本教材系主编广东技术师范大学曾丽娟副教授主持 2019 年度广州市高校创新创业教育项目课程与教学研究重点项目"基于大学生创新创业训练项目的环境设计专业梯级课程体系构建研究"（项目编号：2019KC115）、2019 年教育部第一批产学合作协同育人项目"基于数字技术应用的'建筑模型制作与工艺'教学内容与课程体系改革"（项目编号：201901101004）、广东技术师范大学 2020 年度省级大学生创新创业训练计划项目"数字化技术在建筑模型制作中的创新运用"（项目编号：S202010588050）的阶段性研究成果。

编者

2021 年 4 月

第1版前言

随着社会经济的快速发展，人们的审美观与艺术素养的提高，对待设计行业产品的审美要求也越来越高，建筑模型已经不能停留在传统的一个了解项目概况的样品，满足功能与形式，美观与实用的要求的水平上，它更多地被赋予了必须满足时代对产品的高视觉欣赏力，艺术层面上的需求趋势。因此，建筑模型的发展，结合现代科技、工艺技术、材料科学的发展，逐渐地朝着现代艺术品的范畴迈进，设计创作的形式和方法越来越具创意。

以对待建筑模型作为艺术品来进行创作，建筑模型设计与制作的教堂要求无形中就增加了难度，对学生的要求也更高。针对这种情况，本教材的编写不仅要系统地对模型设计与制作过程进行详细介绍，还必须额外注重细节处理，因此，在编写过程中，本教材重点突出了以下三点：

（1）模型设计制作全面系统介绍了设计与制作的具体方法与过程，把复杂的主观的二维图纸、三维效果图转化为清晰易懂的客观实体，又一次深化了各门专业课程的综合运用。

（2）案例解析及大量的图解性图片详细地介绍了每一个制作步骤，每一个环节都附有图片加以分析举证，帮助学生准确地了解设计与制作全过程的每一个细节。

（3）模型的灯光设计效果制作是本教材的一大亮点，解决了目前这门课程在市面上缺乏或者空洞乏味的一个环节。教材中的每一个细节都采用图文并茂的解释说明方式，引导学生创作出独具魅力的灯光模型。

编者通过编写本教材，深刻体会到教学与动手操作相结合的重要性，模型的设计过程有益于开发学生的创意思维，而制作过程则可以提高学生的动脑和动手能力以及团队合作能力。

曾丽娟

2012 年 7 月

声明：感谢本书所录用建筑模型作品所属的公司和创作人员，由于时间仓促，未能与部分作品所属公司和个人取得联系，在此一并表示感谢。

如何使用本书

本书为纸质与数字融合的新形态教材，包含纸书、数字教材和视频、课件、试卷、拓展学习资料等数字内容资源。您可自主、灵活地进行线下、线上阅读学习。

阅读之前，请首先**激活**本书。

激活途径 ▷▷▷

1 微信关注"行水云课"公众号。

2 刮开本书**封底贴图涂层**，获取**激活码**。

3 打开微信"扫一扫"，扫描书中任一二维码，在弹出的对话框中点选"确定"，进入本书数字版首页。

4 在首页下方点选"激活"，注册登录或第三方快速登录，再次点选"激活"，输入激活码，激活成功。

成功激活后，您就可畅享本书所有数字内容资源了！

下一步，开启线上学习！

移动端

PC 端

移动端

1 进入"行水云课"公众号，点选"数字教材"→"高等教育"，登录。

2 点击界面右上角个人用户名（或昵称），打开"个人中心"页面。

3 点击页面右上角图标 ![行水云课 xingshuiyun.com]，在新页面左侧列表中点选"我的教材"。您激活的所有教材都在这里。

4 点选本书，打开数字书页面并点击下方"阅读"，开启线上阅读学习。也可进入"数字资源"库直接学习视频课程或课件、案例，进行自测答题，巩固新知。

PC 端

1 登录"行水云课"教育平台 www.xingshuiyun.com 。

2 点击界面右上角个人用户名（或昵称），打开"个人中心"页面。

3 在页面左侧列表中点选"我的教材"，点选本书，打开数字书页面并点击下方"阅读"。

目录

第2版前言

第1版前言

如何使用本书

第1章 模型概述

教学重点：■ 了解模型的概念与建筑模型的特点

■ 了解模型的发展历史、作用与设计教学

■ 掌握模型的分类

教学难点：■ 模型的主要作用

■ 模型的分类

■ 模型的设计教学

关键词：模型的作用 模型的分类 设计教学

1.1 模型的概念与建筑模型的特点

1.1.1 模型的概念

模型的相近之意在我国古典谓之"法"，有"制而效之"的意思。公元 121 年成书的《说文解字》注曰"以木为法曰摸，以竹为之曰范，以土为型，引申为之典型。"在营造构筑之前，利用直观的模型来权衡尺度、审时度势，虽盈尺而尽其制。这是我国史书上最早出现的模型概念。

《辞海》对模型也有这样的解释：在工程学上，根据实物、设计图、设想，按比例、生态或其他特征而制成的缩样小品。供展览、绘画、摄影、实验、测绘用。

因此，模型的概念可以理解为：模型是用于城市规划、城市设计、建筑设计、景观设计、园林设计思想的一种形象的艺术语言。建筑模型是采用便于加工而又能展示建筑质感并能烘托环境气氛的材料，按照设计图、设计构思以适当的比例制成的缩样小品。

模型的概念，由于其应用领域的不同，有着不同的定义和解释，归结起来，可以分为"概念模型"

和"实体模型"两类。前者诸如物理模型、数学模型等属于抽象或理论研究的范畴；后者则如建筑模型、园林景观模型、产品模型、展示模型等，属于具象或展览观赏的范畴，是设计的一种表达手段或者对某种实物进行足尺或缩放比例的模型制作。实体模型超越了平面、立面、剖面、轴测图、透视图，乃至动画等所能表达的效果，成为一种三维直观的"对空间的视觉表达"。

图 1.1 汉代"明器"中的陶楼、陶屋、陶院落

模型最初是作为供奉神灵的祭品放置在墓室里的。我国最早的建筑模型见于汉代的陶楼（图 1.1），作为一种"明器"，它以土坯烧制而成，外观模仿木结构楼阁，十分精美。但它只是作为祭祀随葬之用，与鼎、案、炉、镜之类没有太大的差别。但是，随着时间的流逝，逐渐成为设计师表现设计思想的一种手段和方法。

随着经济的发展，科技水平的提高，工业化产品日益增多，各种模型种类、名目也越来越繁多，其范围极广，已推及其他各个领域，从航天科技到军用设备，从建筑设计到城市规划，从影视特技到舞台场景，从生物研究到智能机器人等。相应地建筑模型的功能及作用也得到了更大的开发与利用。人们重视模型真实而直观的效果，使设计突破了传统二维平面表现手段的局限性，将设计的平面图、立面图垂直发展成为三度空间实体，形象表达了创造物。模型的功能体现在把图纸与实际立体形态之间的关系有机地联系起来，让设计师在真实空间的条件下观测、分析和研究，处理"物"的形态变化，表达它所包含的创造意图。从这个意义上讲，模型使得"造型"设计从方法论的意义上有了根本性的进步。新技术、新材料与新观念的结合，形成了前所未有的艺术创作高潮，同时，建筑和房地产市场的繁荣也进一步带动了模型艺术的飞速发展。

1.1.2 建筑模型的特点

建筑模型与平面设计图相比，具有直观性、时空性、表现性与艺术性四个特点。

1.1.2.1 直观性

建筑模型是以缩微实体的方式来表现建筑设计的，这种形式使建筑设计的构思表现得更加深入、完善，是直接近于真实的建筑。由于它展示的是直观实体在三维空间的形象，因而便于人们研究某个建筑项目与环境的关系，以做出可行性方案，建筑模型的直观性还表现在模式建筑的完整性方面，它能够让观者通过建筑模型来评价、欣赏建筑的完整空间形式、乃至建筑周围的整体环境。

1.1.2.2 时空性

建筑模型的时空性是为观者提供一个模式真实建筑的观赏机会，这一模式动态观赏过程使人们能够对建筑的功能与形态、功能与结构，体与体、面与面、体与面、空间和环境组合关系及建筑的各种角度和整体全貌等有个清晰的认识，有利于人们多角度、多层次地分析和解决各种问题。

1.1.2.3 表现性

建筑模型表现的形体的真实和完善等各个方面与其他表现形式相比，它的形象化特点更为明显，并且形象始终贯穿与建筑设计和表现之中。建筑模型的真实性，在于它是以三维的立体形式直观地反映于人的视觉中。即使不具备建筑专业思维和想象的观者也能直接地欣赏、评价建筑。不必担心自己缺乏相关知识而对平面图、立面图的把握不足，以致不敢评判和研讨建筑的整体设计。建筑模型的完整性在于它不同于只能单纯地表现建筑一个面或几个面的二维平面图表现形式，建筑模型能表现建筑的整体三维空间形式。

1.1.2.4 艺术性

现代建筑模型已经不是停留在一个为了解项目功能、空间、外观特点而制作的样品上，模型已经成为一种融合美学原理、审美要求去设计与制作的一个综合艺术品，它如同家具设计、工业设计成品一样，更加追求艺术与功能的结合。因此，模型的教学也将成为一门需要纳入现代艺术理论去理解和创作的综合性很强的设计课程。

1.2 模型的发展历史、作用与设计教学

1.2.1 模型的发展历史

模型的制作和运用有着悠久的历史，但真正意义上的建筑设计模型还是出现在近代。在历史上，沙盘模型是将帅指挥战争的用具。沙盘是根据地形图或实地地形，按一定的比例用泥沙、兵棋等各种材料堆制而成的模型。在军事上，沙盘常用于研究地形、敌情、作战方案、组织协调动作和实施训练等。

沙盘在我国具有悠久的历史。据《后汉书·马援列传》记载，公元 32 年，汉光武帝征讨陇西的隗嚣，召名将马援商讨进军战略。马援对陇西一带的地理情况很熟悉，就用米堆成一个与真实地形相似的模型，从战术上做了详尽的分析。光武帝刘秀看后高兴地说："敌人的情况已经尽在我的眼中了！"这就是最早的沙盘模型。

1811 年，普鲁士国王威廉三世的文职军事顾问莱斯维茨用胶泥制作了一个精巧的战场模型，用颜色把道路、河流、村庄和树林表示出来，以小瓷块代表军队和武器，将各种实际情景尽量真实地再现出来。后来，莱斯维茨的儿子也利用沙盘来再现地形地貌，以不同的造型表示军队和武器的配置情况，按照实战方式进行策略谋划。这种"战争博弈"就是现代沙盘作业。

在模型制作的历史中，把模型用于建筑设计最为典型的还是清朝"样式雷"宫廷建筑设计家族。我国著名建筑学家梁思成在《中国建筑与中国建筑师》中写道："在清朝（1644—1911 年）260 余年间，北京皇室的建筑师成了世袭的职位。在 17 世纪末，一个南方匠人雷发达应募来北京参加营造宫殿的工作。因为技术高超，很快就被提升担任设计工作。从他起一共七代直到清朝末年……这个世袭的建筑师家族被称为'样式雷'。"雷氏家族是清朝皇家的首席建筑师，而且中国被列入《世界遗产名录》的建筑中有 25% 出自这个家族。

"样式雷"的两万多张建筑图样现存于国家图书馆（图 1.2）。这些图样对研究清朝历史及建筑文化发展脉络有着巨大的作用，同时也代表了中国古代建筑设计的巨大成就。"样式雷"画出的图纸有各种类型，如投影图、正立面、侧立面、旋转图等（图 1.3）。在"样式雷"留下的图样中，有一部分是烫样（图 1.4）。它是用纸张、秫秸和木头加工制作成的模型图，最后用特制的小型烙铁将模型熨烫而成，因此被称为烫样。烫样为后人了解当时的科学技术、工艺制作和文化艺术带来了重要帮助。这种早期的建筑和环境模型很精细地将当时建筑的结构和环境表达出来，为设计、审核、施工提供了很直观的形象。

21世纪，随着房地产业的迅速发展，建筑沙盘模型行业作为房地产业的配套行业迅速崛起，建筑沙盘模型已悄然成为售楼中心必不可少的工具之一。随着城市规划、房地产产业和建筑设计业的蓬勃发展，建筑沙盘模型设计制作得到了空前的发展，其作为一个新兴行业已被越来越多的人所关注（图1.5、图1.6）。

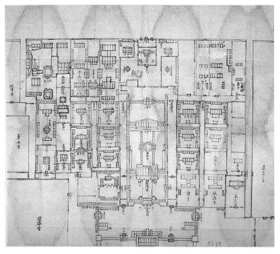

图1.2 "样式雷"建筑图样

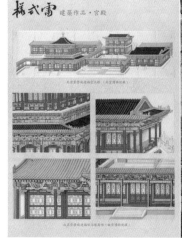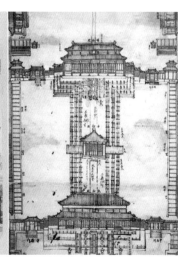

图1.3 "样式雷"建筑立面图

图1.4 圆明园烫样局部

图1.5 房地产楼盘沙盘模型（一）

图1.6 房地产楼盘沙盘模型（二）

建筑模型是建筑设计及都市规划方案中不可缺少的审查项目（图1.7、图1.8）。它以其特有的形象性表现出设计方案的空间效果，为房地产、城市规划等带来无限商机。在国内外建筑、规划或展览等领域，模型制作已成为一门独立的学科。另外，一个好的建筑模型不仅是一件珍贵的艺术品，同时也是一件观赏价值很高的陈列品。

图1.7　佛山岭南新天地沙盘模型

图1.8　招标项目沙盘模型

1.2.2　模型的作用

1.2.2.1　完善相关设计构思

（1）模型制作是进一步完善和优化设计的过程。

（2）设计人员亲自动手制作模型，是从二维平面到三维立体形象的体验。

（3）通过亲身感受与参与制作，可以进一步激发设计师的灵感，发现设计中存在的问题，并进行改进与优化，使设计方案达到理想的状态。

1.2.2.2　表现设计效果

（1）实体模型是向观者展示其设计特色的一种很好的表达方式。

（2）实体模型是设计师与业主之间进行交流的重要手段。

1.2.2.3　指导施工

施工单位在平面图、立面图上不易看懂或者容易发生误会，由此会造成施工的难度，最终影响设计效果的实现。采用实体模型的方式来展示设计的特点，可以方便施工单位按照设计意图进行施工。直观、形象的模型对于施工有良好的指导作用。

1.2.2.4　降低风险

（1）模型制作是设计过程中的重要环节之一，可以把设计风险降到最低，对于把握设计定位、施工生产具有实际意义。

（2）模型制作可以有效地缓解设计与使用之间的矛盾。

1.2.3　模型的设计教学

模型设计与制作是环境设计专业教学过程中极为重要的一个环节，其作用主要体现在以下几个方面。

1.2.3.1　辅助设计

（1）通过模型制作可以分析方案的地形环境特征，为景观设计和建筑设计提供场地分析（图1.9）。

（2）模型制作可以辅助教学过程中对设计造型的处理。一些快速简易的模型还可以直接进行设计造型的改变和调整。

（3）模型制作可以比较直观地看出建筑和周边环境及景观的关系，有利于设计时更好地利用周边地形等因素（图1.10）。

（4）模型制作可以很好地检验日照、结构和主导风向等设计条件，可模拟出不同的设计效果，比如灯光模型（图1.11）。

图1.9　概念设计分析模型

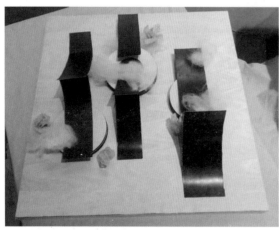

图1.10　辅助设计检验方案性建筑模型　　　　图1.11　建筑模型灯光效果展示

1.2.3.2　辅助展示设计教学成果

（1）利用设计方案的模型可以将设计作品比较直观地呈现出来，有利于开展作业讲评和作业展（图1.12）。

（2）在毕业设计展示环节，模型制作可以更生动直观地展示设计成果（图1.13）。

图 1.12　课程教学成果的展示

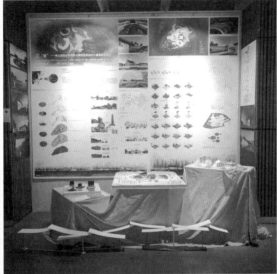

图 1.13　毕业设计展示模型

1.3 模型的分类

1.3.1 按照设计图制作的不同阶段分类

模型通常按照一定的设计图制作,对应于设计图的三个阶段(方案、扩初和施工图阶段),分为方案模型、标准模型和展示模型。无论哪种模型都是相关平面图、立面图的转化,即把在绘图板上设计出的平面图、立面图垂直发展成为三度空间形体,以此来形象地表达建筑。本教材将以方案模型、标准模型和展示模型作为内容模块,详细阐述建筑模型制作工艺流程。

1.3.1.1 方案模型

方案模型制作工艺简单,材料简易,配景极少,常常不受比例限制,可随时修改,不公开展示,只供研究用,为设计者的下一步工作提供空间概念基础。方案模型分空间构成模型、单体体块模型、规划方案模型和地形模型四种(图 1.14 ~ 图 1.17)。

图 1.14 空间构成模型

图 1.15 单体体块模型

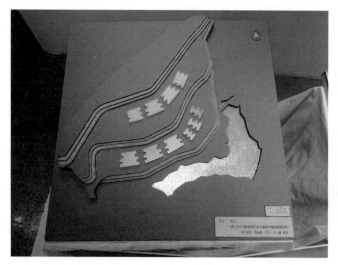

图 1.16 规划方案模型

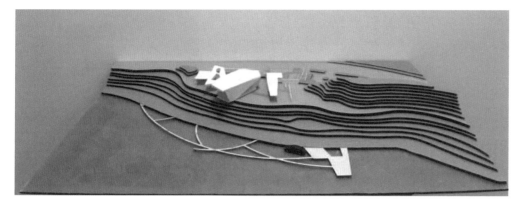

图 1.17 地形模型

1.3.1.2 标准模型

标准模型是在初步模型和方案完成后所使用的模型，它较前述模型对建筑物有更细致的刻画，对设计者的思想有更进一步的表达，故称它为标准模型，亦称表现模型（图 1.18）。标准模型有些学者把它分为单体模型、规划模型两种（图 1.19、图 1.20），本教材考虑到景观规划设计模型越来越受到重视与欢迎，因此把它分为建筑设计类、景观规划类两种。

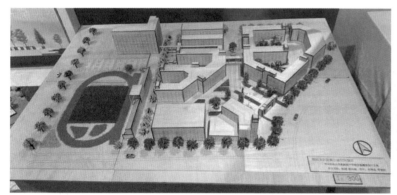

图 1.18 标准模型

图 1.19 标准单体模型　　　　图 1.20 标准景观规划模型

1.3.1.3　展示模型

　　展示模型是以标准模型为基础，按照各方面的修改意见，如图纸变更、甲方意见、政府城市规划要求等综合成的最终模型，是一个完美的、小比例的建筑复制品。当城市规划最终模型完成时，它的单体建筑实际上也基本完成。一个单体建筑模型的最终表现应与城市规划设计要求一致。展示模型按制作内容分为建筑展示模型（又分为单体建筑展示模型与组合建筑展示模型）、室内展示模型（图1.21～图1.25）。

图1.21　单体建筑展示模型

图1.22　组合建筑展示模型

图1.23　室内展示模型（一）

图1.24　室内展示模型（二）

图1.25　室内展示模型（三）

1.3.2　按照模型制作材料分类

以制作模型的材料来进行分类，可以大致把模型分为卡纸模型、吹塑纸模型、发泡塑料模型、有机玻璃模型、木质模型五类。

1.3.2.1　卡纸模型

卡纸模型是近年来兴起的一种模型，适用于构思训练和课堂短期实体模型的制作（图1.26）。

1.3.2.2　吹塑纸模型

吹塑纸、吹塑板、苯板等现代装饰用材料，质感不强，不易保存。吹塑纸模型适用于一般的投标项目、临时展出和上级审批等情况（图1.27）。

图1.26　卡纸模型

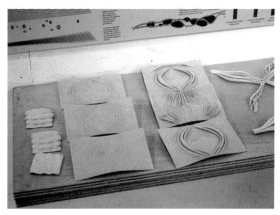

图1.27　吹塑纸模型

1.3.2.3　发泡塑料模型

发泡塑料模型多用于实体和区域规划中。因为发泡塑料质软且轻，容易加工和修改，制作速度快，成本低（图1.28）。

1.3.2.4　有机玻璃模型

有机玻璃模型表现力强、结构清晰、有质感，如制作精细，效果逼真而高档，为设计人员所青睐。但它造价较高，一般只作为投标、长期展出、收档存查等使用（图1.29）。

图1.28　发泡塑料模型

图 1.29　有机玻璃模型

1.3.2.5　木质模型

木质模型适宜结构分析和艺术欣赏使用。国际通用的木质模型主要采用胶合板材料，这种模型经过涂饰处理可以模仿多种材质，并且具有雕塑般的艺术效果。传统建筑和园林设计比较适合用木质模型来表现（图1.30~图1.32）。

图 1.30　木质模型表现现代建筑

图 1.31　木质模型表现概念方案　　　　　　　　　图 1.32　木质模型表现历史建筑与园林景观

1.3.3　按照设计对象分类

模型以设计对象分类，又可将模型分为景观模型、建筑模型和特殊模型。

1.3.3.1　景观模型

景观模型塑造比例有1:500、1:1000、1:2500以及1:5000。在这种模型中，主要表现交通、绿化和水平面、树木、树丛、森林平面、边缘绿化（矮树丛），可以是大型景观模型以简单的节点形式呈现（图 1.33）。景观模型主要用来阐明景观空间和与此相关的地表模型，并对其特点进行描述，例如树木、树丛、断层面和风景里特定的建筑物，从住宅眺望看到的各种景色等（图 1.34）。

图 1.33 园林景观节点模型　　　　图 1.34 大型楼盘景观模型

1.3.3.2 建筑模型

建筑模型可以分为城市建筑模型、建筑物模型、构造模型。这些模型是对建筑主体空间、造型和构造进行表现，所设计的建筑主体可以从模型的环境元素去考虑建筑的形态。建筑的形态、风格样式及细节特点应从甲方提供的资料或者已准备好的基础资料中理解它的一致性、适应性以及和周边地形的关系。相关环境元素包括地貌、基地表面和现存的绿化植物。此外，建筑主体也展现了周边现存的建筑状况，所设计的建筑应该和周边已有建筑模型相适应。再进一步，除了现存的建筑体外，还可以表现出交通或开发状况，如所设计的主体建筑和周边交通以及规划情况的相互关系。模型的制作可视不同的重点而定，如建筑的造型、功能分区、建筑和周边环境的关系等。

（1）城市建筑模型。城市建筑模型基本上是以地形模型为基础来制作的。一方面，城市建筑模型被当作城市区域的概况及位置计划的模型（比例 1 : 1000 ~ 1 : 500）（图 1.35）；另一方面则是详细地描述一个部分（比例 1 : 500 和 1 : 200）（图 1.36）。在城市建筑模型塑造的范围中（例如广场、道路空间、人行道），也需要较大的比例（1 : 100 ~ 1 : 50），在城市建筑模型以不同的安置方式在相关区域大范围研究时，可应用较小的比例，如 1 : 1000，也可以应用 1 : 2500（图 1.37）。

（2）建筑物模型。建筑物模型是以 1 : 500 或 1 : 200 的比例制作成城市建筑中地形学模型的附加模型（图 1.38）。大部分用 1 : 200 的比例就已经可以对建筑主体作很具体的描述。1 : 200 ~ 1 : 50 比例的模型通常只局限在对建筑物的描述，不包括周边的环境（图 1.39）。可表现外立面效果、屋顶平面、建筑基地位置、建筑门窗造型、建筑构件等。首先，将其外观平面或是部分以透明的方式表现出来，以让建筑的内部空间和结构能更直观地展现（图 1.40）；其次，将屋顶或是外观平面拆解，把建筑的功能分区情况展示出来。最后是将楼层拆卸，以表达建筑内部空间与外部空间的相互关系（图 1.41）。

图 1.35　小比例城市建筑模型

图 1.36　中比例城市建筑模型

图 1.37　大比例城市建筑模型

（3）构造模型。构造模型是让模型的结构呈开放状，而不是整体造型的建筑（图 1.42）。这些构造模型能够描绘建筑构造关系或可开可闭的特殊构造，有些构造模型还可以组装拆卸。构造模型不仅解决了功能上和结构上的困难以及空间观念问题，并且能阐明其他的建筑表达方式。构造模型通常以地形模型为基础，或是依照建筑物模型而制成，因为一个合适造型的前后关系以及建筑物模型直接影响建筑设计的构造。它们经常按 1∶200 和 1∶50 的比例制成。

图 1.38 与地形结合的建筑模型

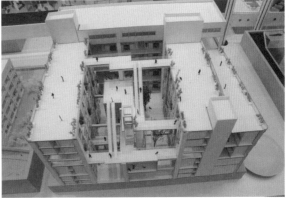

图 1.39 建筑物模型

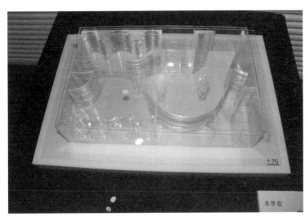

图 1.40 以透明方式展现内部空间的模型　　　　图 1.41 开放式展现内部空间的模型

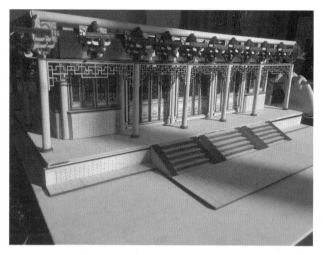

图 1.42　古典建筑构造模型

1.3.3.3　特殊模型

特殊模型是指以非表现建筑为主的模型，而其中建筑又是不可缺少的组成部分，如一些船闸模型、地铁模型、厂矿模型、化工管道模型、码头和道桥模型等（图 1.43、图 1.44）。

特殊模型按其形式分为动态模型和静态模型两种。动态模型需表现出主要部件的运动，以显示它的合理性和规律性，如前面提到的船闸模型、地铁模型等（图 1.45）；静态模型只是表现出各部件间的空间相互关系，使图纸上难以表达的内容趋于直观，如厂矿模型、化工管道模型、码头与道桥模型和铁路交通模型等（图 1.46）。

图 1.43　港口码头规划模型

在动态模型中，其运动部件是要表现的主要部分，建筑只是辅助部分；而在建筑模型中，一些运动的电梯是辅以表现建筑的，两者之间有着本质的区别。

图 1.44　展示工业生产设备的特殊模型

图 1.45 地铁动态模型展示

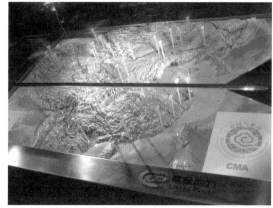

图 1.46 展示地理气候特征静态模型

思考与练习

1. 简述模型的概念与特点。

2. 简述建筑模型的发展历史与趋势。

3. 按不同的分类方法对模型进行分类。

4. 模型的设计教学主要体现在哪些方面?

第 1 章课件

第2章 模型制作材料与工具

教学重点： ■掌握模型制作材料的种类与属性

■掌握模型制作工具的使用方法

教学难点： ■掌握模型制作材料的种类与属性，并熟悉材料在各种模型制作中的应用

■掌握模型制作工具的使用方法、操作程序

关键词： 材料与工具 材料属性 使用方法

2.1 模型制作材料

2.1.1 制作材料的重要性

材料是模型制作重要的物质基础，也是最活跃、最不稳定的因素。

首先，模型制作材料选用可以决定模型的表面及立体形态；其次，模型制作材料选用可以决定模型的展示效果以及制作手段，因为模型制作材料能够用来表达其外观特点和设计理念，同时决定模型的比例、工具和工艺；最后，模型制作材料选用使制作者对不同原料运用的方法、作用及它们互相配合的效果更明确。

2.1.2 制作材料的分类

模型制作材料有多种分类，按材料产生的年代划分有经典材料和现代材料；按材料的物理特性划分有软质材料和硬质材料；按材料的化学特性划分有单一成分材料和合成成分材料；按材料在模型制作中所起作用划分有主材和辅材。通常模型制作材料采用最后一种方法划分。

根据主材与辅材的划分中，模型制作材料主材是用于制作模型主体部分的材料；辅材是用于制作模型主体部

分的粘接、装饰、特效和清洁等的材料。现有的模型材料中主材与辅材的界限已经越来越模糊了。

2.1.3 制作材料的特性

2.1.3.1 石膏材料

石膏材料（图2.1）有以下优缺点：

（1）优点。成型很方便，易于直接浇注或车削加工成型、模板刮削成型、翻制粗模成型后加工、骨架浇注成型加工，石膏材料在模型制作中可用于曲线形态和其他类似圆拱形态的制作。

（2）缺点。石膏制作的大模型容易出现过重，不易搬动，易损坏，与其他材料连接的效果欠佳、颜色上难以处理，与其他构件颜色衔接难度大等问题。

2.1.3.2 木质材料

木质材料（图2.2）有如下优缺点：

（1）优点。木材质量很轻，密度小，具有可塑性，易加工成型和涂饰，纹路自然美丽。

（2）缺点。不防火且易燃，易受虫害影响，易出现裂纹和弯曲变形等情况。

图2.1 石膏粉末　　　　　　　　　图2.2 木质材料

2.1.3.3 塑料

塑料（图2.3）有如下优缺点：

（1）优点。质轻，强度高，耐化学腐蚀性好，具有优异的绝缘性能而且耐磨损。热塑性塑料还可以受热成型（如聚氯乙烯、有机玻璃、ABS塑料），成型效果极佳。

（2）缺点。加工比较麻烦，有时需要使用电动工具，难以徒手加工。

2.1.3.4 油泥材料

油泥材料（图2.4）有如下优缺点：

（1）优点。加工方便，可塑性强，表面不易开裂并可以收光和刮腻后打磨涂饰，同时油泥材料可以反复修改与回收使用，适合制作一些形态复杂与体量较大的模型，在模型制作中常用来处理曲线造型的建筑单体或区域模型。

（2）缺点。一方面模型尺寸的准确性难以把握，需要借助精确的放样或三坐标点测和对

图2.3 塑料材料

称定位加工，才能有效地保证形态的精确；另一方面是在制作大模型时，必须与其他材料配合使用，才能节约材料成本和保证模型的强度。

图 2.4　油泥材料　　　　　　　　　　　　　　　　　　　　　　　　　　图 2.5　玻璃钢采光板

2.1.3.5　玻璃钢材料

玻璃钢材料（图 2.5）有如下优缺点：

（1）优点。强度高，成型工艺性优越，可制作批量产品。而且，在玻璃钢材料表面上漆等材质处理方面具有较好的应用性能，特别是在大型产品后期模型的制作中，有着不可代替的优势。它可以在一些产品的试生产阶段达到与生产线上产品一样的效果。

（2）缺点。耐磨性差，翻模制作麻烦。

2.1.3.6　纸质材料

纸质材料（图 2.6）有如下优缺点：

（1）优点。纸张适用范围广且价廉物美；品种、规格、色彩多样；容易折叠、切割、加工、变化和塑形；上手快、表现力强。

（2）缺点。纸质材料强度低，吸湿性强，容易受潮变形，在建筑模型制作过程中粘接速度慢，成型后不易修整等。

图 2.6　纸质材料

2.1.4　常用模型材料及加工方式

2.1.4.1　纸质材料及其加工方式

纸质模型的制作很方便且无任何噪声，色彩极其丰富，重量轻，但容易受温度和湿度的影响导致保存时间短，强度不够。粘贴材料可用乳胶、双面胶等。基本为手工操作，制作工具有裁纸刀、手术刀、钢尺、铅笔、橡皮。

1. 打印纸

打印纸是指打印文件以及复印文件所用的一种纸。根据纸张幅面规格分为 A 系列、B 系列和 C 系列。其中 A 系列比较常用，主要有以下几种：A3（8K）420mm×297mm；A4（16K）297mm×210mm；A5（32K）210mm×148mm；A6（64K）148mm×105mm。

打印纸的克重一般为 60g/m^2、70g/m^2、75g/m^2、80g/m^2、120g/m^2 等，制作模型一般采用比较厚的打印纸，常用 80g/m^2 或 120g/m^2 的打印纸，目的在于增强模型的坚固性。可以根据建筑模型全部围合面展开的尺寸选择相应的纸张幅面规格尺寸。

2. 卡纸

（1）性质。卡纸克重通常为 200g/m^2、250g/m^2、300g/m^2，均是不含木材成分的，白色，表面光滑、平坦或是特别光滑。卡纸常用尺寸为 70cm×100cm 或 61cm×86cm。

（2）加工。制作卡纸模型一般采用白色卡纸（图 2.7、图 2.8）。如果需要其他颜色，在白色卡纸上可以进行有色处理。

卡纸模型可以采用各色不干胶纸和各种装饰纸来装饰表面，采用装饰屋顶和道路的装饰纸面来进行贴面装饰。卡纸模型的加工和组合主要依靠简单的手工切割工具，如墙纸刀、手术刀、单双面刀片、雕刻刀和剪刀等。纸模型在制作上可采用折叠、切割、切折、切孔、附加等立体构成的方法，还可用泡沫塑料制作模型的主体部分。

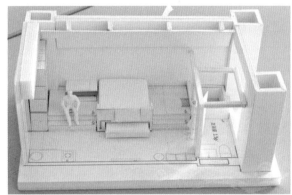 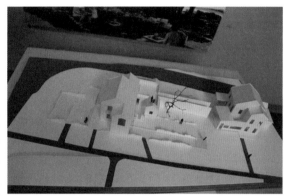

图 2.7　白卡纸室内模型　　　　　　　　　　　　　图 2.8　白卡纸方案模型

3. 厚纸板

厚纸板（图 2.9、图 2.10）是以其颜色与白卡纸来进行区分的。厚纸板通常为灰色或者卡其色，灰色厚纸板因其成分是曾被印刷过的旧纸而呈灰色，而卡其色厚纸板则是因其含有被煮过的木纤维而呈卡其色。

厚纸板的标准规格是 70cm×100cm，此外也有 75cm×100cm 和其他规格。厚纸板的厚度一般为 0.5～4.0mm，其中厚度为 1.0mm 和 2.5mm 的机制板最常用。

4. 制模用的厚纸板

制模用的厚纸板（图 2.11）有一个由泡沫塑料制成的坚固核心层，核心层的上下两面用纸张覆盖（黏合）。常用规格为 70cm×100cm 和 40cm×100cm，厚度为 3.5mm 或 10mm。

5. 瓦楞纸

瓦楞纸（图 2.12）是用平滑的纸张黏合在一面或是两面上，具有可卷曲和硬挺的特性。瓦楞纸的波浪越小、越细，就越坚固。在模型制作中，瓦楞纸的表面纹理常用来修饰屋顶、墙体等（图 2.13）。此外，还有瓦楞纸板，常用来制作模型的底板和地形（图 2.14）。

图 2.9　灰色厚纸板　　　　　图 2.10　卡其色厚纸板　　　　　图 2.11　制模用的厚纸板

图 2.12　彩色瓦楞纸　　　　　　　　　　　　　　图 2.13　用瓦楞纸制作的模型

图 2.14　用瓦楞纸板制作地形的建筑模型

6.各种装饰纸

（1）各色不干胶。各色不干胶用于建筑模型的窗、道路、建筑小品、房屋的立面和台面等处的贴饰。

（2）吹塑纸。吹塑纸适宜制作构思模型和规划模型等，具有价格低廉、易加工、色彩柔和等特点（图 2.15）。

（3）仿真材料纸。仿石材、木纹和各种墙面、屋顶的半成品纸张（图 2.16）。

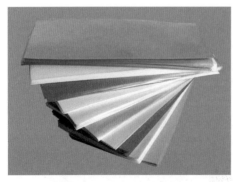

图 2.15　吹塑纸　　　　　　　　　　图 2.16　仿真木纹纸

（4）各色涤纶纸。各色涤纶纸用于建筑模型的窗及环境中的水池、河流等仿真装饰。

（5）锡箔纸。锡箔纸用于建筑模型中的仿金属构件等的装饰（图 2.17）。

（6）砂纸。砂纸主要用来打磨材料，可做地毯和球场、路面、绿地。砂纸表面的颗粒纹理有粗细之分，根据需要打磨的精细与光滑程度来选择（图 2.18）。

图 2.17　锡箔纸　　　　　　　　　　　　　　　　　　　　　　　　图 2.18　砂纸

2.1.4.2　木质材料及其加工方式

1. 木质材料的性能及构造

木质材料是模型制作的基本材料之一。常用的木材有泡桐木、椴木、云杉、杨木、朴木等。

（1）木材的性能。木质材料的物理属性可以从含水率、密度、干缩与湿胀这几点来进行分析。如桐木含水率低、密度低、易于加工，干缩和湿胀小，性质稳定。木质材料的力学性能就是木材抵抗外力作用的性能。

（2）木质材料的构造。木材树干由树皮、木质部和髓心三部分组成。木质部是树干最主要的部分，也是最有利用价值的部分。木质部分为边材和心材两部分。

木射线在横切面上呈细线辐射状，反映其宽度和长度；在径切面上呈或断或续的丝带状或片状，反映其长度和高度；在弦切面上呈短竖线状或纺锤状，反映其高度和宽度。

2. 木质材料的优点

木质材料质轻并具有天然的纹理和色泽，木材性能相对稳定，具有一定的可塑性，易加工和涂饰，具有良好的绝缘性能。

3. 木质材料的缺陷

常见的木材缺陷有结疤、变色、腐朽、虫害、裂缝、夹皮、弯曲、斜纹等。认识木材的缺陷及其对材质的影响，是合理加工使用木材、保证产品模型质量的重要前提条件。另外，木材属于易燃、易变形材料。

4. 模型常用木材及加工方式

模型常用木材主要有细木工板、胶合板（夹板）、硬木板、软木板等。

（1）细木工板。细木工板是常见基础板材，模型制作中比较常用的为奥松板（图 2.19）。木工板厚度大，需要使用台式电锯、曲线锯等电动工具加工。

（2）胶合板（夹板）（图 2.20）。胶合板是用三层或奇数多层单板，涂胶后经热压而成的人造板材。构成胶合板的各单板之间的纤维方向互相垂直、对称，克服了木材易变形的缺陷。胶合板材韧性较大，比较适合手工切割和加工。

（3）硬木板（图 2.21）。硬木板是利用木材加工废料或刨花使用胶合剂经热压而成的板材。硬木板材密度较大，适宜做模型底板等内部结构，常用大型台锯加工，加工过程中应注意及时给锯盘降温。

（4）软木板（图 2.22）。软木板是由混合着合成树脂胶粘剂的木质颗粒组合而成的。软木板适合手工刀具或钢丝锯等小型手动工具加工。可以利用不同刀具进行造型的切割和雕刻。

图 2.19　奥松板

图 2.20　胶合板

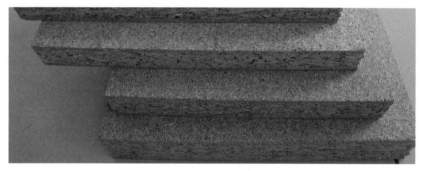

图 2.21　硬木板

图 2.22　软木板

（5）航模板（图 2.23）。航模板是密度小的木头经过化学处理制成的板材。常见的材料形式一般为长木片和长木条，由于其质感好、易加工，常用于木质模型的制作。由于具有型材的特点和木质结构特点，其加工方式主要为切割，可用壁纸刀和刻刀等简易手工工具加工。

（6）人造装饰板（图 2.24）。人造装饰板包括仿金属、塑料、织物和石材等效果的各类板材，及用于裱糊的各类装饰木皮等。人造装饰板材通常比较薄，可以手工切割和雕刻加工。

图 2.23　长木片和长木条

图 2.24　人造装饰板

2.1.4.3　塑料材料及其加工方式

塑料的品种有很多，制作模型时常用的是热塑性塑料，主要是聚氯乙烯（PVC）、聚苯乙烯、ABS 工程塑料、有机玻璃板等。

塑料板材在模型制作中属于高档材料，主要用于展示类规划模型及单体模型的制作。

1. ABS 板、塑料板、PVC 板

ABS 板、塑料板通常为硬质墙面材料，主要用于建筑单体模型、复杂构件模型及工业模型制作。

（1）ABS 板（图 2.25）。这是一种新型模型制作材料，由丙烯腈（A）、丁二烯（B）、苯乙烯（S）三种成分组成，又被称为工程塑料。该材料为瓷白色，厚度为 0.3 ~ 5.0mm。ABS 板是现今最流行的手工及电脑雕刻加工制作的主要模型材料，其表面上能制作出各类纹理和凹凸效果。还有各种规格、不同色彩的 ABS 圆棒（图 2.26）。

ABS 板的优点是：表面硬度较高，尺寸稳定，耐化学性良好、电性能良好，表面可电镀、喷涂，材质挺括、细腻、易加工，有特殊的成型能力，着色力、可塑性强，弹性好，也容易加热变形。缺点是：材料热塑性偏大。

 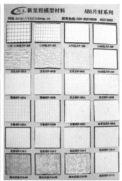 

图 2.25 ABS 板　　　　　　　　　　　　　　　　　　　　图 2.26 ABS 圆棒

（2）塑料板（图 2.27）。即用塑料做成的板材。塑料为高分子复合材料，可以自由改变形体样式。塑料板材适用性很广，常用于制作建筑模型墙体、玻璃窗及景观模型的路面、水景等。塑料板材适于机械加工，如机械切割和雕刻，但不适合激光雕刻机烧灼加工，因为高温容易导致板材变形。塑料板材徒手切割时难度较大，应尽量不进行徒手制作。

图 2.27 塑料板

（3）PVC 板。PVC 板的主要成分为聚氯乙烯，可分为硬 PVC 板和软 PVC 板。其中硬 PVC 板在市场中约占 2/3，软 PVC 板约占 1/3。

1）硬 PVC 板。不含柔软剂，柔韧性好，易成型，是理想的模型材料（图 2.28），常用厚度有 0.5mm、1mm、2 ~ 5mm。硬 PVC 板容易加工、弯曲、成型，且不易发生脆裂，无毒无污染，保存时间长并能进行电镀或者喷涂面饰。但其材质结构密度不高，烘烤压模时要随时掌握材料烘软的程度，

图 2.28 硬 PVC 板

喷漆面饰表层不够细腻。

2）软 PVC 板（即 PVC 卷材）具有表面光泽、柔软、耐寒、耐磨、耐酸碱、耐腐蚀、抗撕裂性优良等特性，厚度为 1 ~ 10mm，最大宽度为 1300mm。颜色有多种可供选择（图 2.29）。

此外，硬 PVC 和软 PVC 都有透明产品类型，为高强度、高透明塑料板材。产品颜色有多种（图 2.30），具有无毒、卫生的特点，其物理特性优于有机玻璃。

2. 塑料模型的加工方法

模型制作中选用塑料通常是为了展示概念模型、仿真模型或产品样机等。一般选用的塑料材料是有机玻璃板、PVC 板、ABS 板等。

常用切割方法：一是用勾刀进行切削；二是用钢锯或线锯；三是用手工刨刨削。

图 2.29　软 PVC 板

胶粘剂主要选用三氯甲烷、有机玻璃分析纯、502 胶水等。

如遇曲面的制作，必须要先用石膏等材料加工成型模，再将塑料板加温冲压成型或围合成型。

塑料加温软化成型要根据材料的耐温特性而定，有机玻璃加温温度为 80 ~ 100℃，可选用红外线灯照射或高温电吹风机加热等方法。PVC 板材加温温度为 100 ~ 120℃，可选用干燥箱或调温烘烤箱加热的方法。

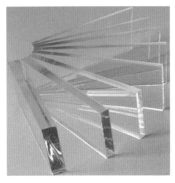

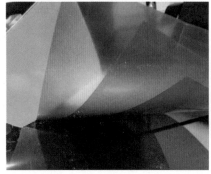

图 2.30　PVC 透明板

2.1.4.4　聚苯乙烯类塑料板材料及其加工方式

1. 材料及特点

聚苯乙烯类塑料板又名泡沫板、泡沫聚苯板或 EPS 板，用化工材料加热发泡制成，是制作模型常用的材料之一。材料规格为 1000mm×2000mm，厚度有 3mm、5mm、8mm、10mm、20mm 等。当所需规格大于生产规格时，可用乳胶将其粘贴后加工或加工后粘贴均可，可视情况而定。

该材料质地较粗糙（图 2.31），因此只用于制作初步模型，还可用于地形、地貌的制作（图 2.32）。在设计工作的初级阶段，无论是产品形态观测模型还是建筑单体模型与整体规划模型，使用泡沫板是十分便捷和方便的方法。泡沫板很廉价且易得，因此在做产品设计的方案研讨及调整形态时多用此材料，也是模型课程或设计课程教学中比较常用的材料。

该材料的优点是：造价低，材质轻，质地松软，易于加工，有良好的透光性（透光率为88%～92%），容易染色，有良好的耐水性。其缺点是：质地粗糙，不易着色，容易被腐蚀。

图 2.31　泡沫板

图 2.32　用发泡塑料板制作的地形模型

2. 基本加工方法

加工泡沫板所用到的工具不多，一般用手工钢锯、电动线锯、钢丝锯、裁纸刀、电热切割器即可加工，用裁纸刀、手术刀、锉、砂纸等辅助工具修整。泡沫塑料制成的模型部件，一般用双面胶条或乳胶粘接组合。

（1）切割。泡沫板切割分为冷切与热切两种。

（2）锉削。切割坯料的边或模型的表面，视锉削量的大小多少，可选用各种锉刀进行锉削加工。

（3）磨削。加工锉削后，模型表面会比较粗糙，须用砂布或砂纸进行打磨。

（4）粘接。在块体粘接时，应依据两连接面之间的大小、位置准确加工好定位销子与定位孔，再刷涂白乳胶或合成胶水，将块体合起夹紧固定，干后修整结合面痕迹并进行细部处理。

（5）修补。模型形体黏结好后，要仔细修补饰面表面所留的凹凸痕迹缺陷，用锉刀和砂布去掉凸出的痕迹，用水性腻子填补凹陷的痕迹，待干后用砂布轻轻打磨到所需的程度。

（6）饰面。泡沫板模型表面有很多的小孔，用水加白乳胶与石膏粉混合，搅拌成很稀的膏灰浆抹刷在表面（干后再抹刷一次）。待表面浆体干燥固定后，用细砂布打磨平整，用气囊吹净粉尘，再刷上一层白乳胶或喷涂一层虫胶漆，干后就可喷漆面饰了。

2.1.4.5　亚克力板材料及其加工方式

1. 材料介绍

亚克力，俗称有机玻璃又称压克力或亚加力，是一种开发较早的重要的热塑性塑料。

亚克力板（图 2.33）具有较好的透明性、化学稳定性，易染色，加工较其他材料难，但强度高、易于粘贴。亚克力板颜色较多，是最好的制作室内模型透明墙面、墙体、房顶、台阶和水面等的材料。亚克力的厚度有1mm、2mm、3mm、4mm、5mm、8mm 几种。最常用的为 1 ～ 3mm 和 3 ～ 5mm，一般用来做亚克力罩。

亚克力除板材之外还有管材和棒材，直径为 4 ～ 150mm，适用于一些特殊形状的形体（图 2.34）。

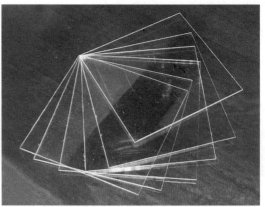

图 2.33　亚克力板

图 2.34　亚克力棒和管材

2. 亚克力的加工

（1）烘软。可以弯曲成型，非常适合用来制作弧形的建筑模型部件。

（2）切割。多采用机械工具和手工工具（较薄的板材）。

（3）粘接。亚克力粘接用三氯甲烷，粘接快，牢度高，但有较大的毒性，需在通风好的场所操作。

3. 常用亚克力的加工工具

（1）小型的亚克力加工工具有勾刀、铲刀、切圆器、什锦锉、什锦钳、起子、手钳、台钳等。

（2）电动工具有台锯、砂轮机、电钻、台式曲线锯、曲线锯、手提盘锯、磨光机、压刨机。

（3）辅助工具有大小钢锯、钢尺、砂纸、刨子、角尺等木工工具。

（4）机械工具有小型车床、雕刻机、气泵、大小喷枪或喷壶、小气泵、喷笔。

亚克力也可以采用各种装饰纸作为面饰，如不干胶和色纸等，也可以喷涂不同的颜色来达到模型设计的要求。

2.1.4.6　玻璃钢模型材料

1. 玻璃钢材料

玻璃钢材料的重要组成部分是玻璃纤维增强塑料，俗称玻璃钢（FRP）。

2. 主要组成与性能特征

（1）玻璃钢的主要组成：增强材料（玻璃纤维）和基体材料（树脂）。

（2）玻璃钢材料在模型制作中的性能特征：强度高，破损安全性好，成型工艺性优越，但玻璃钢的耐磨性较差，能制作的模型尺度可以不限，并能作表面上漆等材质处理。

3. 在产品设计中应用玻璃钢材料模型的范围

（1）在制作玻璃钢模型前，必须有其他各材质的模型或实物作为翻制玻璃钢模具的前提条件，即先有实体。

（2）有小批量制作该模型的需要。

（3）以玻璃钢为材料代替物进行产品小批量试生产。

（4）设计产品本身的材质就是玻璃钢制品。

（5）制作大型产品模型，并且要便于运输、展览等。

（6）产品模型中需置入其他元件、材料的实体模型壳体。

只有符合以上条件需要，才有在现有其他模型材料上制作玻璃钢材料模型的实际意义。特别是在交通工具的壳体部件、游艺玩具、工艺类产品等大型模型的制作应用上。玻璃钢作为一种复合材料的重要组成，根据其材料自身的性能特征，广泛应用于建筑材料、船舶、雕塑、工艺品、汽车车辆、电器零件、容器、体育、娱乐等工业生产领域（图2.35）。

图2.35　用玻璃钢制作的建筑模型展示基座

2.1.4.7　金属材料及其加工方式

金属材料是模型制作中经常使用的一种，包括钢、铜、铝、锌、锡等的板材、管材、线材，常用到的为线材。

在模型制作中，金属丝不仅用于支承结构、钢结构、建筑物外观、栏杆的扶手或是其他金属构造，也用于作为设计概念的特殊例证和说明。

金属材料的加工，可根据制作目的在金属的表面雕刻、刻凿、上色、弯曲、切割、钻孔、车削、铣磨等，然后通过粘贴其他材料，最后制作成各种小配件或小品。

金属材料一般用于园林建筑及小品的加工制作。比如铜丝常用于模型树干的制作（图 2.36）。

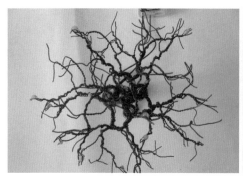

图 2.36　铜丝树干及制作好的景观树

2.1.4.8　石膏类材料及其加工方式

1. 材料及特点

石膏是一种适用范围较广的传统材料，能在常温下从液态转化成固态，易于成型和加工，又易于进行表面涂饰和与其他材料结合使用。该材料为白色粉末状，是将天然石膏进行煅烧而成的半水石膏，加水干燥后成为固体。石膏常用于模型仿真地形的制作（图 2.37）。

图 2.37　用石膏材料制作起伏的地形

2. 石膏模型加工准备

制模：医用石膏粉为首选材料。石膏粉与水的比例以 1:1.2 ～ 1:1.4 为宜。

注浆：石膏粉与水的比例为 4:3。

母模：石膏粉与水的比例为 5:4。

加工工具主要有雕塑转动加工台、雕塑刀、木刻刀、刮刀、铲刀、钢锯条、卡规等。辅助加工材料有油毡（翻模用材料）、脱模汁等。

3. 石膏模型成型方法

石膏粉在吸水后有迅速固化的特点，所以对水分的掌握是调浆的关键。调制的方法是：根据模型的体量用盆盛好适量的清水（切忌先放石膏后加水），用手将石膏均匀地洒入水中，当石膏粉堆出水面一部分时，轻轻摇动盆使石膏水中的空气排出。然后把余水倒出，从盆底开始搅拌，搅拌时要均匀而缓慢，避免起泡，搅拌的时间不能过长。搅拌后石膏成为浆状，开始慢慢凝固，此时要立刻开始浇注。

初型模板选用木块、胶片板、薄型锌片板、不锈钢板等材料做底板与围板。使用时，为防止石膏浆漏出，需用黏土把底部和围合接缝处的间隙填塞好才可浇注。由于制作石膏模型时膏体容易与多种物质黏合，浇注前应在模腔内涂刷一层脱模剂（肥皂水）。

4. 石膏模型的粘接与修理

石膏模型通常的粘接方法是用白乳胶粘接，也可以在白乳胶中适量地掺杂一些石膏粉，以增强和提高粘接的牢固度和速度。

在加工处理一个石膏模型时，可以用沾满水的毛刷或海绵来湿润要处理的地方，再用湿毛笔蘸上石膏粉逐处填补，待干燥固定后，轻轻切削、打磨掉修补的痕迹。

5. 石膏模型面饰方法

常用面饰的方法有两种：

（1）喷涂着色法，即在模型上用虫胶漆涂覆一层漆膜，再喷饰色漆。

（2）混合着色法，即在水中加入色素或水粉色，再与膏灰一起搅拌混合，凝固后具有较均匀的色彩效果。

2.1.5 模型辅助材料及加工处理

辅材是用于对模型主体部分进行粘接、装饰、特效和清洁的材料。在模型制作中，确定了主要制作用材之后，辅助材料就显得比较随意。首先是材料科学的发展使得可供选择的范围扩大，其次是表面处理的手段更为多种多样。

2.1.5.1 常用胶粘剂及其使用方法

粘接是指用胶粘剂将不同的部分紧紧地连接起来。

（1）粘贴原理。胶粘剂具有附着性和内聚性。材质和胶粘剂间的接触面越窄，就越具有高度的附着力。胶粘剂的内聚性依胶粘剂的品质而定，当胶粘剂均匀涂上时，内聚性的力量将发挥到最好。

（2）接缝。粘贴处接缝应干净并具有一定的粗糙度更利于粘接。

（3）粘接操作要领：①清除表面的异物及去脂，确保粘接面干净无异物；②粘接处要进行粗糙处理；③粘接面要保持干燥；④均匀涂抹胶粘剂；⑤给与一定时间排除空气；⑥避免新涂上的胶粘剂沾染灰尘。

（4）有化学反应的溶解型胶粘剂

1）丙酮、三氯甲烷（氯仿）。两者均为无色透明液状溶剂，易挥发，是粘接有机玻璃板、塑料片、ABS板的最佳胶粘剂 [图2.38（a）]。但是这些溶剂一般有毒，且具有一定的腐蚀作用，容易破坏漆面，所以在粘接时要小心，并注意通风和安全，避光保存。

2）强力胶粘剂。它使用方便，干燥速度快，强度高，是理想的胶粘剂。做模型时，通常使用的是502胶 [图2.38（b）]、立时得、乳胶等。

3）U胶。U胶 [图2.38（c）] 为无色透明液状黏稠体，多产自德国。U胶适用范围广泛，干燥速度快，粘接强度高，是目前较为流行的一种胶粘剂。U胶对漆和ABS板有腐蚀性，易破坏油漆面，使用时要小心。

4）建筑胶。建筑胶需要调配，调好后为白色膏状体，它适用于多种材料粗糙粘接面的粘接，粘接强度高，但这种胶体干燥时间较长。

5）热熔胶。热熔胶为乳白色棒状，一般是通过热熔胶枪加热，将胶棒熔解在粘接缝上（图2.39）。其粘接速度快，无毒、无味，通过胶枪使用更为方便，粘接强度高。

（5）无化学反应的胶粘剂（图2.40）

1）白乳胶。白乳胶为白色黏稠液体。该胶粘接操作简便，干燥后无明显胶痕，粘接强度较大，干燥速度较慢，主要用来粘接木材。

2）普通胶水。胶水为水质透明液体。适用于各类纸质材料的粘接，粘接强度略低于白乳胶。

3）喷胶。喷胶为罐装无色透明胶体。该胶粘剂适用范围广，粘接强度大，即喷即用，使用简便。该胶粘剂非常适用于大面积纸类粘接。

4）单面胶带。单面胶带又称美纹纸，主要在喷漆时起遮盖作用，喷漆完毕后揭开。

5）双面胶带。双面胶带是由胶体附着在带基上进行粘贴。该胶带适用范围广，使用简便，粘接强度较高，主要用于大面积平面纸类双面粘贴。

（a）氯仿

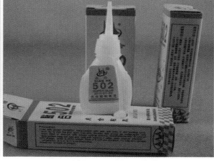（b）502胶

（c）U胶

图2.38　有化学反应的溶解型胶粘剂

图2.39　热熔胶及胶枪

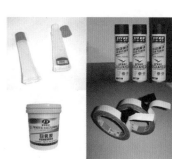

图2.40　无化学反应的胶粘剂

2.1.5.2 即时贴、窗贴和双面贴

这是一种应用非常广泛的展览、展示性用材，其品种、规格、色彩十分丰富（图2.41），主要用于制作道路、磨砂玻璃等建筑细部的装饰。该材料价格低廉，剪裁方便，单、双面覆胶，是一种表现力较强的模型制作材料，但其耐久性不强，效果比较平面化，缺乏立体感。

2.1.5.3 仿真草皮

仿真草皮是一种表层为短毛绒面的装饰材料（图2.42）。用它可做草坪、绿地、球场、底台面等，色彩比较单一。仿真草皮是用于制作模型绿地的一种专用材料，可根据需要自制。

2.1.5.4 绿地粉

绿地粉主要是草粉和树粉，用于绿化树木和草地的制作（图2.43、图2.44）。该材料为粉末颗粒状，色彩种类较多，通过调和可制成多种绿化效果，是目前制作绿地环境常用的一种材料。

图2.41 即时贴、窗贴和双面贴　　　　图2.42 仿真草皮

图2.43 绿地粉　　　　图2.44 树粉系列

2.1.5.5 发泡海绵

发泡海绵主要用于绿化环境的制作。该材料是以塑料为原料，经过发泡工艺制成，染色后是制作比较复杂的山地、沙滩、树木等环境模型的理想材料，经过特殊处理和加工后也可制成仿真程度极高的树木（图2.45）、草坪和花坛，是一种使用范围广、价格低廉的制作绿化环境的基本材料。

2.1.5.6 油泥（橡皮泥）

油泥是一种人工制造的材料，俗称橡皮泥（图2.46），是模型制作中理想的配景材料，油泥材料的

主要成分是滑石粉、凡士林和工业用蜡，使用时需要加热，温度一般为 55 ~ 60℃，但不同品种的油泥加温软化的温度不同，购买使用时应按使用说明进行操作。

2.1.5.7　纸黏土

纸黏土是一种模型配景环境的材料。该材料是由纸浆、纤维束、胶、水混合而成的白色泥状体。它可用雕塑的手法把建筑物塑造出来。该材料的缺点是收缩率大，在制作过程中要避免尺度的误差。

2.1.5.8　喷漆

喷漆用于模型物体表面的喷色处理。有气泵式手持喷漆和罐装手持喷漆（图 2.47），使用方便。

图 2.45　用发泡海绵制作的树　　　　图 2.46　用油泥制作模型　　　　图 2.47　罐装手持喷漆

2.1.5.9　清洁剂

清洁剂如松节水、二甲苯等都常用于清洁盘面，具体用法视造成污瑕的原因而定。

2.1.5.10　模型型材

模型型材是将原材料加工为具有各种造型、各种尺度的材料。现在市场上出售的型材种类较多，按其用途可分为基本型材和成品型材。

基本型材主要包括角棒、平圆棒、圆棒、圆管、屋面瓦片、墙纸、ABS 雕刻板材，主要用于模型主体如墙面、柱子等的制作（图 2.48 ~ 图 2.50）。

成品型材主要包括围栏、标志、汽车、路灯、人物、家具、卫生洁具等（图 2.51），主要用于模型配景及室内模型的制作。专业公司为使产品有个性，通常也考虑自己制作型材。

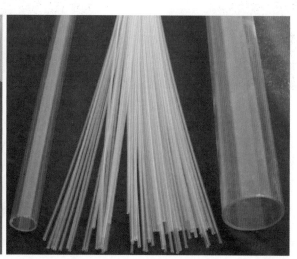

图 2.48　角棒和圆管

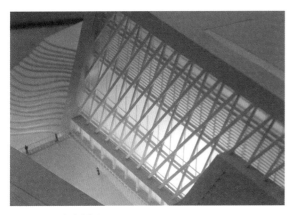

图 2.49　角棒在模型中的运用　　　　　　　　　图 2.50　圆管在模型中的运用

图 2.51　模型成品型材（路灯、家具、树、小品）

2.2　模型制作工具

2.2.1　测绘工具

（1）比例尺。比例尺是测量、换算图纸比例尺度的主要工具。

（2）直尺、三角尺、丁字尺。直尺是制作模型的必备工具，主要是画线制图的作用。三角尺是用于测量及绘制平行线、垂直线、直角与其他任意角的工具。丁字尺需要图板与之相辅助用来测量尺寸及画平行线、长线条和辅助切割的工具。

（3）卷尺、直角尺、蛇尺。卷尺用于测量较长的尺量工具。直角尺是用于测量90°角的专用工具。蛇尺是一种可以根据曲线的形状任意弯曲的测量、绘图工具。

（4）游标卡尺。游标卡尺是用于测量加工物件内外径尺寸的量具。

（5）圆规。圆规是用于测量、绘制圆的常用工具。

（6）模板。模板是一种测量、绘图的工具，主要有曲线板、绘圆模板、椭圆模板、建筑模板、工程模板等。

（7）画线工具。鸭嘴笔是画墨线的工具。但随着电脑雕刻机的广泛应用，尺寸数据一般都可在电脑上直接设定，人工画线工具已不常用。

基本测绘工具如图2.52所示。

（8）电子测距工具（图2.53）。电子测距工具主要是超声波测距仪和激光测距仪。用于快速测量物体或模型的长度和高度。

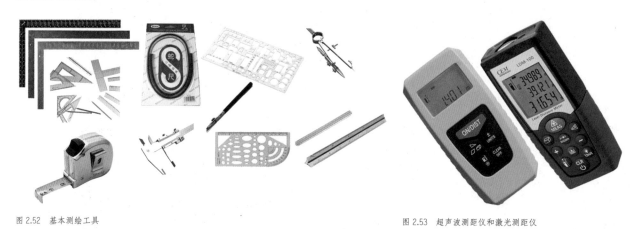

图2.52 基本测绘工具　　　　　　　　　　　　　　　　　　　　图2.53 超声波测距仪和激光测距仪

2.2.2 剪裁、切割工具

（1）勾刀（图2.54）。勾刀是切割玻璃、防火板、塑料类板材的专用工具，因其刀片呈回钩形而得名。可以按直线和弧线切割一定厚度的塑料板材，例如ABS板。同时，它还可以用于平面划痕。

（2）手术刀（图2.55）。手术刀是用于模型制作的一种主要切割工具，刀刃锋利，广泛用于即时贴、卡纸、ABS板、航模板等不同材质、不同厚度材料的切割和细部处理。

（3）推拉刀、剪刀、单面刀片和双面刀片。

1）推拉刀俗称美工刀，在使用中可以根据需要，随时改变刀刃的长度，常用于切割墙壁纸，各种卡纸、装饰纸等。

2）剪刀是剪裁各种材料的必备工具。一般需大小剪刀各一把。不可使用白铁剪来剪金属线，否则会有小缺口，之后将无法完成整齐的切割。

3）单面刀片（图2.56）和双面刀片（图2.57）是刮胡须用的刀片，刀刃薄且极为锋利，是切割薄型材料的最佳工具。单面刀片用于裁切ABS板，制作建筑模型的窗户、栏杆等细小工件。

（4）45°切刀、切圆刀。

1）45°切刀是用于切割45°斜面的一种专用工具，主要用于纸类、ABS板等材料的切割，切割厚度不能超过5mm。

图2.54 勾刀

图 2.55 手术刀　　　　　　　　　图 2.56 单面刀片　　　　　　　　　图 2.57 双面刀片

2）切圆刀与 45°切刀的切割材料范围相同。

（5）手锯、电动手锯、钢锯。

1）手锯是切割木质材料的专用工具。手锯的锯片长度和锯齿粗细不一。

2）电动手锯是切割多种材质的电动工具。

3）钢锯又称钢丝锯，钢丝锯是锯割有机玻璃材料的理想工具。

（6）电动曲线锯（图 2.58）。电动曲线锯俗称线锯，是一种适用于木质类和塑料类材料切割的电动工具，是模型制作过程中必备的工具之一。

（7）电热切割器。电热切割器主要用于聚苯乙烯类材料的加工。

（8）台式电锯（图 2.59）。台式电锯加工时比较方便，一般自带定位卡具，可以配合曲线锯使用，主要加工直线模型造型，是模型制作中常用的工具之一。

（9）电脑雕刻机。电脑雕刻机是现代模型制作的专用设备，有机械和激光两种。随着全国各大院校大型设备的引进，电脑雕刻机也逐步进入模型制作工作室和课堂，是现今常用的新型模型制作设备和工具。

（10）钻孔工具。

1）手摇钻是常用钻孔工具，适用于在脆性材料上钻孔。

2）手持电钻可在各种材料上钻 1 ~ 6mm 的小孔，携带方便，使用灵活。

3）钻床（图 2.60）常用台式钻床、立式钻床等，可在不同材料上钻直径和深度较大的孔。

（11）切割垫。切割垫是有遮蔽的透明塑胶盘，能实现各种方向的切割，而且刀锋不会变钝。

图 2.58 电动曲线锯　　　　　　　图 2.59 台式电锯　　　　　　　　　图 2.60 台式钻床与立式钻床

2.2.3　打磨修正工具

（1）砂纸、砂纸机、砂纸板。砂纸分为木砂纸和水砂纸两种（图 2.61）。砂纸机（图 2.62）是一种电动打磨机械，主要适用于模型材料平面的打磨和抛光。砂纸板是一种自制的有效打磨工具，大面积的手工打磨会用到这个工具。

（2）锉、什锦锉、特种锉（图 2.63）。锉是一种最常见、应用最广泛的打磨工具，可分为板锉、方锉、三角锉、半圆锉和圆锉等几种。什锦锉中，不同的操作面可以面对不同的使用对象。特种锉是锉削特殊材料的工具。

（3）木工刨（图 2.64）。木工刨主要用于木质材料和塑料类材料平面和直线的切削、打磨。

（4）砂轮机（图 2.65）。砂轮机主要由砂轮、电动机和机体组成，用于磨削和修整金属或塑料部件的毛坯和锐边。

（5）电磨工具（图 2.66）。电磨工具主要由电机机身和各种打磨切割可替换机头组成，主要用于木质、ABS 板材等材料的雕刻与切割，设备小巧、安全，比较适合模型制作教学使用，但设备精度不高，无法达到雕刻机的专业效果。

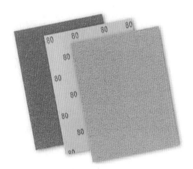

图 2.61　木砂纸和水砂纸

图 2.62　砂纸机

图 2.63　什锦锉和特种锉

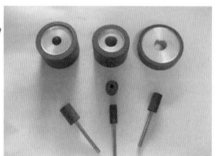

图 2.64　木工刨

图 2.65　砂轮机

图 2.66　电磨工具

2.2.4 辅助工具

（1）钣钳工具。

1）手虎钳［图2.67（a）］用于夹持很小的工件，便于手持进行各种加工，携带方便。

2）台虎钳［图2.67（b）］是用来夹持较大的工件以便于加工的辅助工具。

3）桌虎钳［图2.67（c）］适用于夹持小型工件，其用途与台虎钳相同，有固定式和活动式两种。

（2）喷涂工具。气泵、喷笔、喷枪和压缩机是模型中常用的喷涂工具，主要用于对模型进行着色处理，现在很多模型都是由雕刻机造型后再进行着色喷涂（图2.68、图2.69）。

（3）焊接整形工具。

1）氢氧火焰抛光机（图2.70）是有机玻璃抛光专用设备。利用水分解成氢和氧加以燃烧，产生干净的纯焰进行抛光，抛光的质量取决于抛光前的精磨。

（a）手虎钳　　　　　　　（b）台虎钳　　　　　　　（c）桌虎钳

图2.67 钣钳工具

图2.68 气泵与空气压缩机

图2.69 喷笔与喷枪　　　　　　　　　　　图2.70 氢氧火焰抛光机

2）磨光机械主要用于模型板材表面的磨平和抛光处理，是制作模型底板比较常用的电动工具。

3）特制烤箱用于有机玻璃和其他塑料板材的加热，以便弯曲成型。

4）电烙铁用于焊接金属工件。

5）电吹风机最好选择功率较大的电热吹风机，用于快速加热板材。

6）敲击工具，例如锤子类的工具。根据不同的应用对象选用金属材质或橡胶材质的锤子。

（4）其他工具：

1）镊子制作细小构件时特别需要镊子帮助制作和安装。

2）医用注射器胶粘剂装在注射器内使用十分方便，用多少打出多少（图2.71）。

3）静电植绒机用于大面积铺种草地的设备，使用方便，有双筒和单筒两种。

4）粉碎机起粉碎作用。一般把已染色的海绵粉碎成小颗粒后，再加工成各种植物、草地。

5）清洁工具板刷类工具、用于照相机清洁的吹气球等工具也可以用来清洁模型。

6）微型组合加工设备（图2.72）主要是小型的精密机床及相关附属设备，是模型制作教学的常用工具，具有操作简单、安全、灵活等特点，可以方便课堂分组制作。常见的微型组合加工机设备主要有：车铣床组合、磨床组合、钻床组合、雕刻组合等。

7）旋转拉坯机、小型电窑，小型电窑用来与旋转拉坯机配套，将塑造成型的软构件放入小型电窑内烧制定型，在一定的温度下烧烤一定时间后取出。

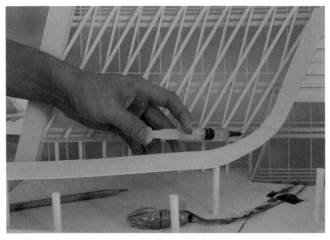

图2.71　医用注射器的运用　　　　　　　　　图2.72　微型组合加工设备

2.2.5　主要工具的使用

2.2.5.1　使用注意事项

（1）要有一个适合模型制作的工作场所（图2.73），简单的模型制作工作场所要有足够的工作台，材料摆放柜、工具架、切割平台、电器及配线、照明等设备设施。

（2）要有良好的水电采光条件（图2.74）。模型制作的环境必须拥有良好的采光和通风条件，同时具备足够的安全电源插座，有冷水和温水接头，以及在近处有充足好用的洗手台。

（3）材料与工具摆放要有序。操作台要保持物品摆放的整齐。

（4）要有完善的安全设施和显眼的安全警示模型制作场所要有工作规则和安全规则以及灭火器等安全用具的使用说明。

图 2.73　良好的工作环境　　　　　　　　　　　　　　　图 2.74　良好的工作室采光环境

2.2.5.2　切割工具的使用

（1）用美工钩刀切割材料。反复切割，来回几次直至切割到材料厚度的 2/3 左右再折断。

（2）用鼓风电热恒温干燥烘箱加工异形部件时待塑料烘软后，迅速将塑料放置在所需弧形模具表面上碾压冷却定型。

（3）曲线锯（图 2.75）。主要用于切割金属和有色金属。切割金属时，切屑处理能力更强。锯齿较大，切割木材及其他木制品时效率更高。用于切割各种木材及非金属。锯齿被磨尖，呈圆锥型，切割很快而且切屑处理能力更强。

（4）用电热丝锯切割较厚的软质材料（图 2.76）。电热丝锯一般用来切割泡沫塑料、吹塑板等。电热丝锯通常是自制的，切割时打开电源，指示灯亮，电热丝发热，将欲切割的材料靠近电热丝并向前推进，材料即被迅速割开。

（5）用电动圆盘锯割机切割较厚的硬质材料（图 2.77）。在切割前，先让锯片空转，再将有机玻璃放置平稳并靠向齿轮锯片进行切割。这种工具基本也是自制，且操作危险较大，所以工作前一定要穿好工作服，戴好工作帽，不能戴手套。

图 2.75　曲线锯　　　　　　　　　　图 2.76　电热丝锯　　　　　　　　　　图 2.77　电动圆盘锯

2.2.5.3　钻床的使用

钻床是一种常用的孔加工设备，在钻床上可装夹钻头来钻孔。在建筑模型的制作中，有许多工件上需要镂空时，就要先钻孔。钻孔时是依靠钻头与工件之间的相对运动来完成钻削加工的。在钻床上钻孔是钻头旋转而工件不旋转。

1. 钻头的种类、结构和用途

（1）钻头的种类。常用的有中心钻、麻花钻、直槽钻等。在模型制作中常用的是麻花钻。

（2）钻头的结构和用途。麻花钻的柄部用来传递钻孔时的转矩和轴向力。直柄所能传递的转矩较小，一般用于小直径钻头，锥柄能传递较大的转矩，而且装夹时定心精度较高，所以一般用于大直径钻头（13mm 以上）。

2. 钻孔的安全操作

检查钻床的各部位是否完全固定好，工作场地周围是否有障碍物。在钻孔操作前，一定要穿工作服，扣好纽扣，扎紧袖口，严禁戴手套。开动钻床前，应检查工件是否夹紧。

钻孔的切屑一定要用刷子清除，严禁用嘴吹，以免刺伤眼睛。装卸或检验工件时应先停车。钻孔工作完毕后，应关掉机床的电源。且每次结束后都要对钻床进行保养。

2.2.5.4　钣钳工具的使用

（1）台虎钳的规格。台虎钳的规格是以其钳口能伸张的最大宽度来表示的，有 100mm、125mm、150mm 等不同的规格。

（2）台虎钳的结构。台虎钳有固定式和回转式两种。

（3）台虎钳的使用。在夹持工件前，用表面光整的板材贴住工件，以保证工件的表面不被夹坏。

2.2.5.5　锉削工具的使用

（1）锉的选择。根据模型的不同操作面选择操作面表面类似的锉刀。同时根据模型材质的质地选择锉刀的硬度。

（2）锉齿的选择。模型操作面密度高且加工范围大可以选择粗齿锉。操作面密度低且加工范围小可以选择细齿锉。

（3）锉削方法：

1）平面锉削主要包括顺向锉、交叉锉、推锉等方式。

2）曲面锉削主要包括外圆弧面锉削、内圆弧面锉削、球面锉削等方式。

（4）锉削安全操作：

1）不可使用无柄或手柄有裂缝的锉进行锉削，否则锉舌可能刺伤手腕。

2）锉削到一定程度时，要用锉刷顺锉纹方向刷去锉纹中的残屑。切勿用嘴吹切屑，以免切屑飞进眼睛。

3）锉不要随意放置在台钳上，以免掉落伤人或损坏锉。

4）锉不能用于敲击或撬起其他物品，因锉性脆，容易断裂。

2.2.5.6　雕刻机的使用

建筑模型制作中，常用电脑雕刻机（图 2.78）和激光雕刻机（图 2.79）。计算机技术的迅猛发展，使得当今的建筑师可以借助于计算机这种高科技工具快速、精确地制作实体模型。这种计算机实体模型的制作系统一般由绘图和制作两部分组成。电脑雕刻机和激光雕刻机的绘图一般需要通过雕刻机自身的软件来完成，不同品牌的雕刻机所应用的软件不同，需要对相关操作人员进行培训。雕刻机应用的软件一般比较简单，而且不同品牌的平台大同小异。由于雕刻机所配备的制图软件比较简单，不便于完成复杂的绘图任务，同时操作起来不是很直观，所以常用一些基础的绘图平台来制图，然后把图纸导入雕刻机操作软件完成制图工作。这种方式更利于学生课下对图纸的绘制和对雕刻机工作室进行管理。

一般的绘图平台主要是 AutoCAD 和 CorelDraw 软件（图 2.80、图 2.81）。这两种软件具有通用性强、导出导入支持格式丰富、操作灵活等特点。大多数雕刻机操作软件都支持这两种绘图平台的导入。雕刻机绘图部分的重点是对相关绘图平台的掌握和对雕刻机操作软件的掌握。

图 2.78　激光雕刻机

图 2.79　电脑雕刻机

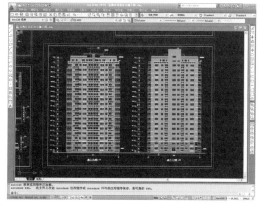

图 2.80　AutoCAD 软件界面

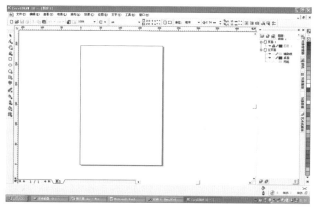

图 2.81　CorelDraw 软件界面

　　在制作方面，电脑雕刻机需要把板材固定在雕刻操作面板上，利用不同的雕刻刀头来完成不同材质和造型的雕刻，主要用于板材的雕刻与切割，特点是凹凸感强烈，可以完成浮雕和透雕等复杂任务。激光雕刻机一般不需将材质固定，可以完成不同材料板材的切割和雕刻，但由于运用烧灼原理，会在材料表面形成雕刻印记，往往可以在模型制作中加以利用。激光雕刻机的主要特点是速度快、精度高、操作简便、污染小、噪声小、操作安全，比较适合雕刻亚克力板材、切割木材和雕刻纹样（图 2.82、图 2.83）。

图 2.82　激光雕刻机制作的建筑模型（一）

图 2.83　激光雕刻机制作的建筑模型（二）

第 2 章课件

思考与练习

1. 构思不同的 2 ~ 3 种模型主材料（如木材、ABS 板或有机玻璃），在图纸上表达出因材料、质感、肌理不同，对统一模型方案也会形成不同的风格特点。

2. 实地考察模型材料公司或者模型设计与制作公司，了解当地最新、最常用的模型制作材料种类、属性，巩固模型设备操作方法与程序。

3. 熟悉操作和使用制作模型常用的设备与工具。

第3章　模型设计构思及制作工艺

教学重点：■ 建筑模型设计构思
　　　　　■ 建筑模型的图纸准备和材料准备
教学难点：■ 了解建筑模型的设计过程和准备工序流程
　　　　　■ 成建筑方案与模型创意的转换与创新
关键词：创意整理　图纸准备　制作工艺流程

3.1　设计构思

模型制作的设计构思包括比例和尺度的设计构思、形体的设计构思、选材的设计构思、色彩与表面处理的设计构思四个部分。构思过程包括建筑物与配景的做法、材料的选用、底板的设计、台面的布置、色彩的构成、造型形式等。

3.1.1　比例和尺度的设计构思

模型沙盘尺寸的确定，需要综合考虑以下因素：①模型展示场地的面积及布局情况；②为参观者设计的动线；③展示模型的数量；④模型摆放区域的面积及照度；⑤展厅入口大门的高度和宽度。

模型比例一般根据模型的使用目的和模型面积来确定，遵循"适量适当，表达清晰，结合环境"的原则。一般地，单体建筑、少量的群体景物组合应选择较大的比例，如1:50、1:100、1:300等（图3.1）；大面积的绿地和区域性规划应选择较小的比例，如1:1000、1:2000、1:3000等（图3.2、图3.3）。

3.1.2　形体的设计构思

形体设计主要在方案图纸设计时着重考虑。在模型制作时，形体设计构思要和材料、颜色、尺度相联系。对尺度严格的形体要制作准确，对可以有尺度区间的形体要结合整体情况进行设计构思（图3.4），如山形地貌、植物配景、自然石景等，要结合方案的情况以及模型主体的情况来调整形体，以达到模型造型的美观。

图 3.1　单体建筑及少量的群体景物组合模型

图 3.2　大面积的绿地和区域性规划模型

图 3.3　大面积区域性规划模型

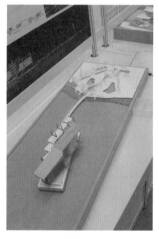

图 3.4　模型形体设计构思

3.1.3　选材的设计构思

在模型创意策划过程中，材料的设计最富有表现力，所以不仅要了解常用的模型材料，还要了解这些材料的属性和加工方式，选取最适合的材料进行模型制作。主要需要注意以下几点：

（1）在选择材料的过程中考虑到材料与材料之间的搭配关系和效果，以及材料之间的连接方式是否方便。如木质材料与ABS板材的搭配效果（图3.5）。

（2）材料在色彩、质感、肌理等方面能够表现模型建筑及景物的真实感和整体感。如ABS雕刻后在模型制作中的应用（图3.6）。

（3）材料应加工方便，便于艺术处理，如在制作木质模型时，木片和各种人工木质板材相比，既能实现木质的效果，也能很容易地进行徒手加工（图3.7、图3.8）。

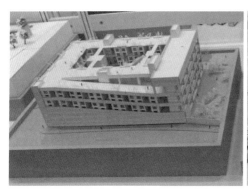

图3.5 木质材料与ABS板材的搭配效果

图3.6 ABS板雕刻镂空的应用效果　　图3.7 木质材料制作的模型

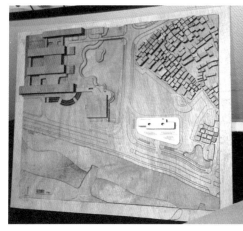

图3.8 木质材料模型展示

3.1.4 色彩与表面处理的设计构思

3.1.4.1 色彩的表现

色彩的表现是指在模拟真实建筑的基础上，设计师要不遗余力地利用手中的材料发挥出造型艺术和色彩的魅力。

3.1.4.2 色彩的应用

模型的色彩应用：一方面来自材质本身的颜色和纹理；另一方面来自后期的涂刷。大部分商业和展示模型都需要根据不同的基材选取不同的颜料进行调配，并确定涂刷方式。色彩的应用应注意以下几点：

（1）注意模型色彩的视觉艺术、色彩构成的原理、色彩的功能、色彩的对比与调和以及色彩设计的应用。如在模型颜色设计中运用比较协调的色彩以及利用色相不同但明度和纯度类似的颜色，以达到视觉的统一（图3.9）。

（2）掌握好模型色彩中原色、间色和复色之间的微妙差别。如利用少量原色和间色与大量的复色形成对比关系，可使整体形象活跃，突出所表达的重点（图3.10）。

图 3.9 色彩纯度、明度类似的效果

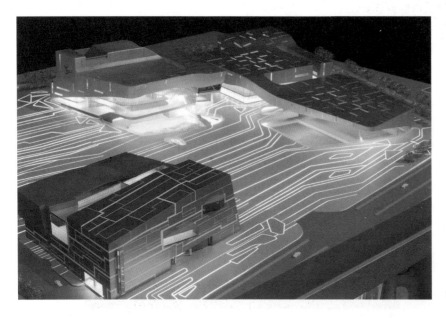

图 3.10 原色、间色和大量复色结合灯光的对比效果

（3）处理好模型色彩中色相、明度和色度的属性关系。如在模型制作中将灯光与纯度较高的颜色结合，那么会使整体模型具有很强的视觉吸引力，起到突出视觉效果的作用（图3.11）。

3.1.4.3 涂饰处理

通过涂饰处理可以表达出模型外观色彩和质感的效果。不能利用材质本身颜色和纹理，就要进行涂饰处理，比较常见的是有机玻璃切割后进行涂饰处理和ABS板材切割后进行涂饰处理。另外，还可以利用板材已有的雕刻纹样，如砖纹、石纹、屋面瓦等（图3.12）。

在有些情况下，涂饰是为了突出模型的表现力和特殊质感，常用一些肌理材料喷涂或在有基底表面的情况下涂刷（图3.13、图3.14）。

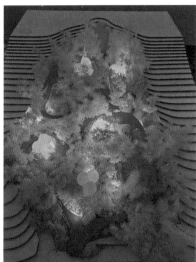

图 3.11 高纯度颜色的对比效果　　　　图 3.12 用手喷漆上漆后的效果

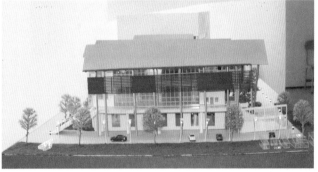

图 3.13 喷灰色的 ABS 雕刻板和喷红色的 ABS 方棒处理效果

图 3.14 涂饰处理后的模型效果

总体说来，涂饰处理要掌握以下要点：

（1）要掌握一般的涂饰材料和涂饰工艺知识。

（2）了解和熟悉各种涂饰材料及工艺所产生的效果。

（3）模型表面处理的材料包括各种绘画颜料和装饰纸。

（4）饰工艺主要采用贴饰和喷涂。

3.1.5　模型各主要部分的设计构思及关系处理

建筑景观模型设计从制作角度上进行构思主要分为三部分：建筑主体模型设计、环境植物配景模型设计和其他配景模型设计。

3.1.5.1　建筑主体模型设计

建筑体是环境的主要构成因素，一般由个体或群体建筑组成。建筑主体模型设计是模型制作的关键点；在模型设计前，要取得建筑的全部图纸。建筑主体模型设计应从以下几个方面加以考虑。

1. 总体与局部

（1）把握总体关系。根据建筑设计的风格、造型等，从宏观上控制建筑模型主体制作的选材、制作工艺及制作深度等诸要素。整体模型如果以建筑为重点，应考虑建筑体量、构造和制作细节，最大限度地将建筑的情况表达清楚（图3.15）。

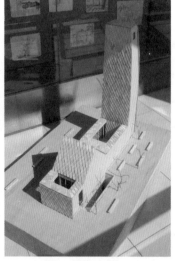

图3.15　建筑室模型内外细节的表现

图3.16　以园林景观为重点的模型效果

如果是以环境为主的模型，重点则应该突出建筑的比例、位置，群落的整体感以及和园林景观环境相结合的重点区域（图3.16）。

（2）局部综合考虑。从局部来看，造型都存在着一定的个体差异性。这种个体差异性制约着建筑模型制作工艺和材料的选定，这就需要考虑主要想表达哪些细节。

2. 模型材料的选择

模型材料一般根据建筑主体的风格、形式和造型来选择。模型的材料种类繁多，一般需要在了解方案的意图、甲方的要求、展出的定位和场所的基础上来决定。

大多情况下可以遵循以下方式选择材料：

（1）在制作古建筑模型时，一般以木质（航模板）为主体材料。这类材料比较适合表达木质结构建筑的特点，同时也具有易于加工的特点，能比较方便地表现复杂的结构关系（图3.17）。在模型教学过程中也可结合木条和小木棍等材料形成建筑内部结构，再用板材表达外部造型。

（2）在制作现代建筑模型时，一般较多地采用硬质塑料类材料，如ABS板材、亚克力板材。这类材料徒手加工比较难，一般采用雕刻机进行切割。选取的材料和制作手法要适合现代建筑简单的外观和点线面的穿插关系。除了板材以外，ABS的各种管、线材料也必不可少，如一些方管、圆管、工字钢型材等都能提高模型细节的表现力（图3.18）。在课堂教学中，可以用木塑板代替ABS板材，其特点是比较容易切割，可以徒手完成，并接近模型使用要求。

（3）有些模型常用于设计展会，或用来突出前卫的设计思想，在材料选取时可以不拘一格，也可以采用非常规的模型材料（图3.19）。

图3.17　木质建筑结构模型效果

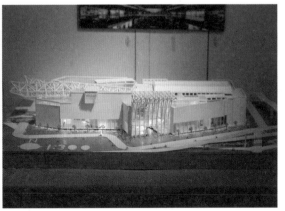

图3.18　徒手制作模型加入型材的效果

图 3.19 非常规材料的运用效果

3. 建筑模型效果表现构思

首先，将设计人员提供的立面图缩放至实际制作尺度。然后，对建筑物的最大立面与最小立面、最简单立面与最复杂立面进行对比和观察。建筑设计图纸的立面所呈现的是平面线条效果，而建筑模型的立面是具有凹凸变化的立体效果。因此，从平面转化为立体立面的过程，应认真考虑每个立面立体的处理方式、立面与立面的衔接关系（图 3.20、图 3.21）。

图 3.20 平面图纸转化的立体效果（一）

3.1.5.2 环境植物配景模型设计

模型的环境植物配景是由色彩和形体两部分构成的，设计时应从以下几方面来考虑。

1. 环境植物配景与建筑的关系

（1）在设计制作大比例单体或群体建筑模型配景时，对于植物的表现形式要尽量做到简洁，示意明确、清楚有序、比例得当，不能喧宾夺主（图 3.22）。树的色彩选择要稳重，树种的形体塑造应按建筑主体的体量、模型比例与制作深度进行刻画（图 3.23、图 3.24）。

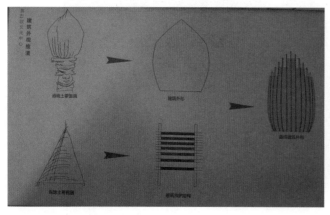

图 3.21 平面图纸转化的立体效果（二）

图 3.22 简洁的植物表现突出单体建筑模型

图 3.23 大比例单体建筑模型配景效果

图 3.24 大比例群体建筑模型配景效果

（2）在设计制作大比例别墅模型植物配景时，表现形式要做得新颖、活泼，塑造出庭院的氛围，给人一种温馨的感觉。树的色彩可以鲜艳些，但一定要掌握尺度，如果色彩过于鲜艳则会产生一种飘浮感。树种的形体塑造要有变化，可以重点刻画主要的植物，如庭院树和灌木等，做到有详有略，详略得当（图 3.25）。

（3）在设计制作小比例规划模型植物配景时，其表现形式和侧重点应放在整体感觉上，因为此类模型的建筑由于比例尺度较小，一般是用体块形式来表现，其制作深度远远低于单体展示模型。行道树与组团、集中绿地应区分开，楼间绿化应简化（图 3.26）。

（4）在设计制作大比例景观园林规划模型绿化时，要特别强调景观的特点，尽量把景观植物的种类特征和颜色表达出来。同时一定要把握总体感觉，根据真实环境来设计绿化（图 3.27）。

图 3.25 大比例单体建筑模型植物配景效果

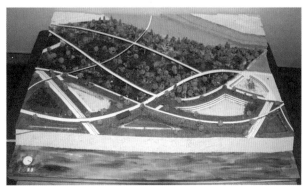

图 3.26 小比例规划模型植物配景效果

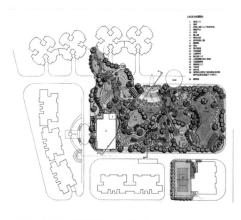

图 3.27 根据真实环境设计的景观效果

2. 配景植物中树木形体的塑造

塑造树木的形体时，要以方案设计的植物配置为依据，同时也应考虑到模型的整体美感。主要从以下两点来考虑：

（1）根据设计方案的图纸和设计说明以及植物配置表来构思植物的形态。在高度方面应着重参考平立面图（图 3.28）。

（2）模型植物塑形的材料选择比较重要，树干常用的材料一般为塑料成品、铜丝等，树冠主要为树粉和海绵等，并通过染色来实现不同的颜色（图 3.29）。

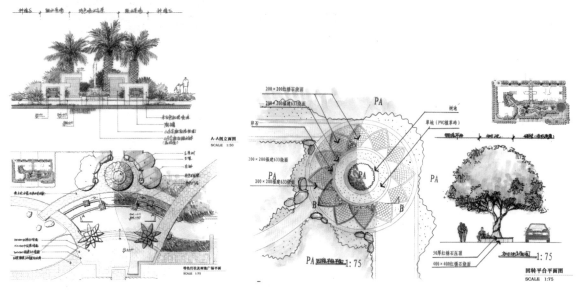

图 3.28 方案设计图纸平立面

3. 比例、绿化面积等因素对配景植物的影响

（1）模型比例的影响。在设计制作各种树木时，模型的比例直接制约着树木的表现。树木形体刻画的细致程度随着模型的比例变化而变化。

1）一般来说，在制作 1:500 ~ 1:2000 的模型时，由于比例尺度较小，其树木制作应着重刻画整体效果，绝不能追求树的单体塑造。一般可以选用有比例的模型植物成品或用树粉自己制作，也可以将配景植物成片塑造，形成植物的整体感（图 3.30）。

2）在制作 1:300 以上比例的模型时，由于比例尺度的改变，应该着重刻画树的个体造型，但同时还要注意个体、群体、建筑物三者之间的关系（图 3.31）。

图 3.29　植物塑形效果

图 3.30　植物成片塑造效果

图 3.31　植物个体和群体塑造效果

（2）绿化面积及布局的影响。在设计制作模型配景植物时，应根据绿化面积及总体布局来塑造树的形体。

1）在设计制作行道树时，一般要求树的大小、形体、颜色基本一致，树冠部要饱满，排列要整齐均匀，也可以排列得比较有节奏。这种表现形式所体现的是一种外在的秩序美（图 3.32）。

图 3.32　树阵绿化效果

2）在制作组团绿化时，树木形体的塑造一定要结合绿化面积来考虑，排列时疏密要得当，高低要有节奏感。颜色搭配可以考虑明度变化为主，色相变化为辅（图3.33）。

3）在设计制作大面积绿化时，要特别注意树木形体的塑造和变化，可以结合地形增加树形的起伏变化，也可以进行疏密结合（图3.34）。

3.1.5.3　其他配景模型设计

（1）在设计其他配景模型，如水面、汽车、围栏、路灯、建筑小品时，除了要准确理解设计思路和表现意图外，还要参考建筑及绿化的表现形式进行构思。在整体风格比较写实时，可以采用颜色比较丰富的配景材料，在整体风格比较偏重设计概念时，应该采用颜色和形体都比较简单的配景材料（图3.35）。

（2）在由平面向立体转化的过程中，要准确掌握配景的形状、体量、色彩等要素，把握好建筑与绿化的主次关系，特别是配景物体与整体模型的比例关系（图3.36、图3.37）。

（3）在设计配景制作时，模型制作人员要有丰富的想象力和概括力，正确地处理各构成要素的关系，通过理性的思维、艺术的表达将平面的设计图纸转换为模型的实体环境。在视觉中心的位置，要着重对配景的安排和突出（图3.38）。

图3.33　高低错落的绿化效果

图3.34　大面积绿化另类处理效果

图3.35　配景材料应用效果

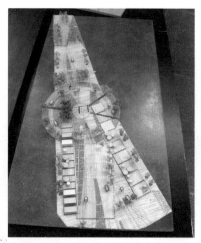

图3.36　建筑与绿化的主次关系

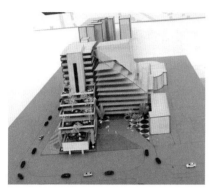

图 3.37 配景与建筑的比例关系　　　图 3.38 配景在视觉中心位置的安排

3.2 图纸整理

3.2.1 图纸的前期整理

3.2.1.1 图纸的取得

（1）制作对象未建成图纸的取得向规划与设计部门索取正式图纸。主要图纸为平面图、立面图、剖面图、局部设计详图。在教学过程中可以结合设计课程，以设计课程设计的方案图纸作为模型的前期图纸，也可以选取一套完整的设计方案当做模型制作的图纸（图 3.39）。

（2）制作对象已经形成，只有平面图没有立面图可以对景物实地拍摄、测量绘制出立面图。在教学中，如果模型对象的实体图纸不全，往往以分组的形式拍摄或手绘每张立面图纸，再进行 CAD 出图（图 3.40）。

（3）制作对象已经形成，但缺少图纸这种情况下，图纸是通过测绘完成的。在教学过程中往往用于对环境和建筑的研究工作，针对已有的实体来制作模型。特别是一些古建筑和古村落的研究工作，图纸的获得一般也是通过测绘的方式完成。

这种测绘的方式相对复杂，需要的设备也比较多，可以组织学生分组、分工进行，整体的平面定位和海拔高度可以使用全站仪完成，细部的平面、立面一般可使用测距仪完成。最后整理数据并绘制所需的图纸。

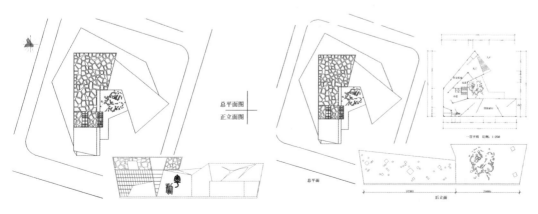

图 3.39 建筑模型制作图纸

图 3.40 完整的方案设计图纸资料

3.2.1.2 设计图纸的表现与模型制作的关联

1. 透视效果图与模型

透视效果图的任务是将三维空间的物体以平面的二维形式加以再现，借此清晰地表达设计构想中的景物效果。这是整个设计活动中将构想转化为可视化形象的第一步，对模型制作具有直接的指导作用。通过设计的透视效果图可以预先模拟出模型的材质肌理效果和颜色效果，也可以分析设计中的尺度和比例问题，为后期的模型制作提供直观的效果参照（图 3.41）。透视效果图主要分为以下三种：

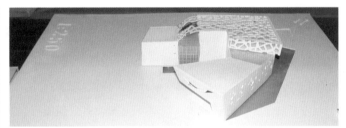

图 3.41 透视效果图与模型

（1）草图。在设计展开阶段，能够通过草图快速表达与推敲设计构想。

1）草图的目的，充分针对设计进行发散性构想并发现问题，不断完善设计构想，并将其清晰地表现出来，为下一步的设计提供开阔的思路。在为设计方案提供概念性内容的同时也能为模型的设计构思提供灵感。有些模型的主要目的在于突出设计理念，其产生的效果更接近设计草图的形象（图 3.42），制作比较快速，适合于短期教学和课堂制作。

2）草图绘制方法，可概括为三大类，即线描草图、素描草图和淡彩草图（图 3.43）。

（2）精确效果图。它使设计构想与设计思路更易于传达和交流，并为后期精确模型的制作提供了直观而可视的参考。这类透视效果图一般形成于方案的最后阶段，用以提交和汇报。精确效果图对于造型、颜色和材质的质感以及光影效果等表达比较精准，能为模型制作提供更准确的参考信息。其表现方式主要有两种：

1）手绘表达，主要运用透视制图原理，将方案场景按照比例绘制在图纸上，比较强调空间关系和颜色关系，以力求达到接近真实场景的效果。现在很多手绘透视效果图用计算机软件辅助制图，再手绘线条和颜色（图 3.44、图 3.45）。

2）计算机三维图形设计软件绘制，计算机绘制效果图在室内设计和景观设计及建筑设计中运用得很普遍。由于使用的软件不同，产生的效果也有所区别。一种绘制效果图主要突出形体之间的关系而不是追求逼真的视觉效果，这种图纸一般应用在方案概念阶段（图 3.46），常用制图软件为 SketchUp。另一种绘制效果图主要突出主体与环境的关系、材质和颜色的应用效果，以及最终所实现的逼真的视觉效果（图 3.47 ~ 图 3.49）。比较常用

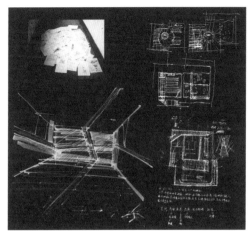

图 3.42　设计过程草图

图 3.43　淡彩草图

图 3.44　计算机与手绘结合的效果图

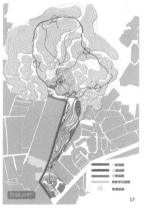

图 3.45　计算机与手绘结合的效果图

的制图软件为 Lightscape、3ds Max（图 3.50）等。

（3）模型投影图。模型投影图是在设计的形态与结构确定后，按设计的要点进行的景物不同面的投影分析（图 3.51）。模型投影图对理解设计与正确制作模型具有直接帮助，可以确定建筑群落的高低变化和建筑立面门窗及装饰的凹凸关系和尺寸。

2．环境设计工程图的应用

（1）工程图是环境设计工程通用的专业绘图语言，环境设计里面的很多建筑物和小品都需要详细的施工图来指导制作，地形中的处理也需要进行土方和剖、断面的分析（图 3.52）。

（2）设计工程图的绘制有其严格的规范和法则，这对于模型制作的准确放样不可或缺，但考虑到模型的比例问题，有些细节则不必过分严格。有些设计工程图经过简单的调整就可以成为模型制作的图纸。如调整图纸的比例，使其和模型的比例一致；在细微的尺寸方面也要进行调整，特别要考虑到模型材料的规格和厚度以及加工的方法（图 3.53）。

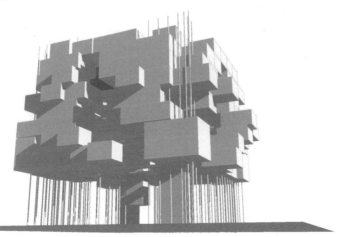

图 3.46　用 SketchUp 处理的方案概念电脑效果图

图 3.47　3ds Max 渲染建筑效果图

图 3.48　3ds Max 渲染建筑效果图

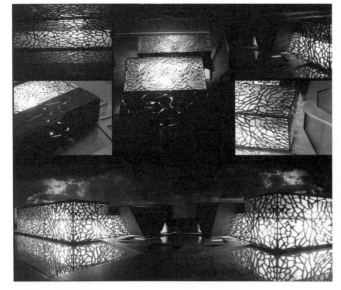

图 3.49　建筑模型效果展示

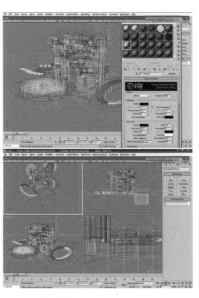

图 3.50　3ds Max 界面

建筑模型设计与制作（第2版）

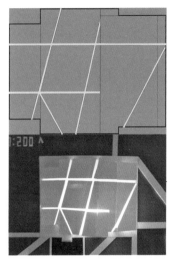
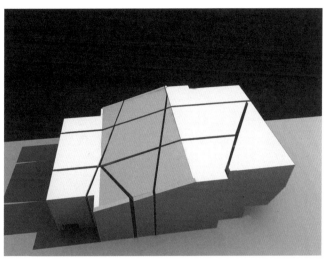

图 3.51　投影分析

图 3.52　居住区园林景观设计工程图纸

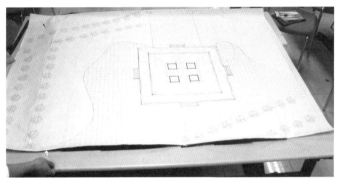

图 3.53　模型制作图纸

3.2.2　手工制作模型的图纸要求

　　手工制作模型图纸要符合徒手制作的特点，通过前期的图纸准备再结合制作要求进行图纸的调整和绘制。不同的模型材料对图纸的要求不一样，可以从以下几个方面进行分析。

3.2.2.1　手工制作模型的过程

　　（1）图纸转换。一般将搜集的前期平面及立面图纸按照模型制作的要求进行分解和比例调整。

　　（2）图纸绘制。可以利用电脑或尺规缩放原始图纸，按照制图规范绘制图纸。

　　（3）按照图纸加工材料。可以将制作好的图纸复制几份，将图纸附在材料表面，按照造型要求进行切割加工；也可以利用卡规确定各个顶点的位置（图 3.54）。

　　（4）粘接组合。将加工好的各个部分按照效果图和平面立面投影图的情况进行粘接组装（图3.55）。

3.2.2.2　手工模型图纸的绘制方法

　　（1）将所得的照片、立面图、平面图等相关资料经过比例换算，缩放到模型需要的比例尺寸（图3.56）。在缩放后的图纸上测量并核对所需的尺寸数据，然后在模型底板上画出建筑模型的平面图。

　　（2）裁取分解不同的平立面做成图纸模板。如果材料厚度不大，可以忽略；如果材料厚度较大，如

图 3.54 按图纸要求切割加工

图 3.55 将图纸黏贴在材料上粘接组装

图 3.56 在缩放后的图纸核对尺寸

泡沫板、瓦楞纸板等，要考虑加上材料厚度的尺寸，特别是在面与面连接的地方。可以用 45° 刀切割材料边缘，形成"八"字形粘接面，也可在图纸上画出材料厚度。

（3）将图纸模板附着在材质表面进行切割。一些细小的造型和不同空间界面的造型可以从切割好的模型围合面上再去量取尺寸，绘制图形并制作成图形模板。

通过这些分析可以了解到手工制作模型的图纸要求比较精确，主要是比例调整问题，一些细节的造型和局部的造型变化可以在加工好的表面上直接测量绘制图纸。

3.2.3　电脑雕刻机加工模型的图纸要求

雕刻机对模型加工主要是进行切割和纹样雕刻。雕刻机加工精度高，需要与电脑连接控制，只能通过电脑软件来制图。使用电脑制图，在比例和尺寸上会更好把握。基本的制图手法与手工模型制图类似。同时还需要考虑材质的厚度问题。制图的软件平台一般为 AutoCAD。可以通过以下几点来进行分析。

3.2.3.1　不同类型雕刻机的图纸要求

（1）机械雕刻机利用旋转刀头来加工。一般的机械雕刻机都带有自己的操作软件，但一般通过 CAD 软件完成制图后再导入雕刻机软件。雕刻机软件主要完成排版、雕刻顺序以及雕刻深度和刀头选择的工作。机械雕刻机因为使用机械刀头，所以在雕刻时会有小的误差，特别细小的纹样和线形容易不精准和混淆。制图时要注意密集的纹样和细小造型的处理，一般来讲可以调整模型的制作比例来体现更为丰富的细节。

（2）激光雕刻机利用激光烧灼切割原理，在加工上更为精确，一般也是通过 CAD 制图后导入激光雕刻机操作软件，按图纸切割，精度较高。根据不同的材料调整机器的功率和速度。这一点需要结合机器的总功率以及实践经验完成。激光雕刻机可以完成雕刻与切割两个功能，但会留有烧灼的痕迹，一般亚克力和有机玻璃材料不会产生灼痕效果。有时运用木质材料产生的烧灼痕迹也会形成特别的效果，比较适合雕刻复杂精细的纹样（图3.57、图 3.58）。

图 3.57 激光雕刻机切割木质材料产生的烧灼痕迹

图 3.58 激光雕刻机切割镂空图案

3.2.3.2 电脑雕刻机的操作方式

1. 图纸排版

将 CAD 文件导入后要按照一定的分类区分图纸，如地形、平面图、各围合面立面图、局部造型等。将相关图形排列到一个操作平台尺寸的图框里。操作平台尺寸指机器可以雕刻的边界线。在排列图形时应注意尽量紧凑，以节省材料。同时应考虑不同材料要排在不同的版面里（图 3.59、图 3.60）。

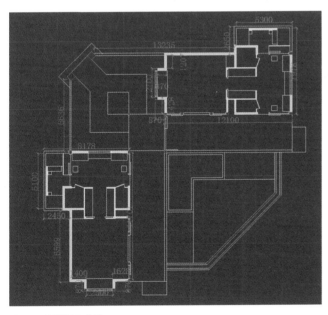

图 3.59 雕刻机 CAD 排版

图 3.60 雕刻平面

2. 雕刻

将材料加工到可以放置到雕刻机操作界面内程度，然后对材料和操作底板进行固定，从排好的图纸版面中选择需要雕刻的图形后操作机器执行命令。

3. 切割

整版材料纹样雕刻完毕之后选择需要切割的图形，切割是将图形从材料板材上切透，最终形成所需要的各个围合面。

电脑雕刻机制图主要是结合不同的雕刻原理，将原有的设计图纸重新排列，要特别注意按照操作顺序和材质的变化排列图纸版面。

3.2.4 3D 打印机制作模型

3D 打印机可以称之为三维立体打印机，也可以称之为快速成型机，其操作原理与激光快速成型机是一样的（图 3.61）。3D 打印机首先将物品转化为一组 3D 数据，然后打印机开始逐层分切，针对分切的每一层构建，按层次打印。打印时，粉末耗材会一层一层地打印出来，层与层之间通过特殊的胶水进行粘合，并按照横截面将图案固定住，最后一层一层叠加起来，就像我们坐在海边用沙子堆砌城堡一样的程序，最终经过分层打印、层层粘合、逐层堆砌，一个完整的物品就会呈现在眼前了（图 3.62、图 3.63）。

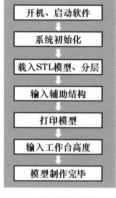

图 3.61 激光快速成型机 操作流程图　　图 3.62 采用 3D 打印机制作模型

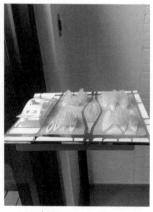
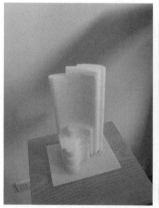

图 3.63 采用 3D 打印制作的建筑模型

材料方面，现在支持 3D 打印机使用的材料已经很丰富，现在不同公司生产的 3D 打印机会选择性支持一些材料，像常见的树脂、石膏、尼龙、塑料这些普通材料，但是随着 3D 打印的不断壮大，支持钛、不锈钢或其他金属材料的打印机也一定会出现。

3.3 模型制作工艺流程

建筑模型掌握了本章第一节设计构思与第二节图纸整理后，进入制作与工艺流程，需要按照模型制作的方法、步骤，由底盘、地形、建筑、景观、灯光、配景制作一起结合完成。通常会根据不同分类、不同展示效果，更重要的是根据不同设计创意，将不同表现理念的模型制作出来，并取得最佳视觉效果。

3.3.1　一般流程及工艺

建筑模型一般制作工艺具体方法、步骤如下所述。

（1）根据CAD图纸绘制建筑模型的工艺图。首先，确定建筑模型的比例尺寸，然后，按比例绘制出建筑模型所需要的平面图和立面图（图3.64）。

（2）排料画线。将制作模型的图纸码放在已经选好的板材上，在图纸和板材之间夹一张复印纸，然后用双面胶固定好图纸与板材的四角，用转印笔描出各个面板材料的切割线。需要注意的是，图纸在板材的排料位置应计算好，以节省板材（图3.65～图3.67）。

图3.64　绘制平面图和立面图

图3.65　将复写纸放在图纸与材料之间

图3.66　按图纸排线于模型底板上

图3.67　按图纸切出建筑范围

（3）加工镂空的部件。在制作建筑模型时，有许多部位，如门窗等需要镂空处理。可先在相应的部件上钻好若干个小孔，然后穿入锯丝，锯出所需的形状。再用锉修整边缘。锯割时需要留出修整加工的余量（图3.68）。

（4）精细部件加工。将切割好的材料部件夹放在钳上，根据大小和形状选择相宜的锉刀进行修整。外形相同或者是镂空花纹相同的部件，可以把若干块夹在一起，同时进行修整加工，这样可以很容易地保证花纹的整齐一致（图3.69）。

（5）部件的装饰。在各个大面粘接前，先将建筑各个立面的开窗等细节处理好，再进行粘接（图3.70）。

（6）组合成型。将所有的立面修整完毕后，再对照图纸进行精心粘接，最后制作完成（图3.71、图3.72）。

图3.68　制作部件细节

图 3.69 细节加工

图 3.70 部件的加工装饰

图 3.71 建筑模型完成（白天效果）

图 3.72 建筑模型完成（夜晚效果）

3.3.2 模型灯光设计与制作工艺

为了模拟夜间的环境景观效果，增强模型的感染力，清楚而生动地说明模型内容，尤其在强烈的房地产行业，为了吸引更多公众注意力，需要用灯光来显示说明景观效果。建筑模型的灯光照明能够极大地表现模型的空间意境美，把建筑内外空间的层次和进深感、渗透力、模型的质感与肌理等效果更加充分地表达出来（图3.73～图3.76）。在展示模型中，灯光效果尤为重要。

图 3.73 模型在日光下的展示效果

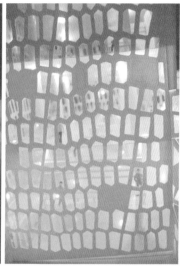

图 3.74　模型的夜晚灯光效果

图 3.75　日光与灯光下的对比效果

图 3.76　模型使用荧光粉的发光效果

3.3.2.1　选择电源

建筑模型中的光照来自于电能，根据模型自身特点和设计要求正确选择电源，常用的有电池电源和交流电源两种。

1. 电池电源

（1）电池。电池是日常生活中最简单的供电设备，包括普通电池、蓄电池、太阳能电池等多种。普通电池适用性很广，单枚电池电压为 1.2 ~ 12V，其使用效能又根据内部原料来判定，普通碳性电池和碱性电池效能较低，适用性用于少量发光二极管或小型蜂鸣器，可以用在对灯光要求不高的概念模型上。单枚碱性电池电压为 1.5V，作为双联组合或四联组合使用后即获得 3V 或 6V 的电压，可以保证 4 ~ 8 枚发光二极管持续照明 30 ~ 60min。使用普通电池安全可靠，计算电压时稍有误差均能正常使用。

（2）蓄电池。蓄电池又称为可充电电池，它能将外部电能储存在蓄电介质中，做反复使用。这类电池主要包括铅酸电池、锂电池等。蓄电池外观形态各异，使用范围很广，电能效力持久，供电电压为 1.2 ~ 360V。在研究性、概念性建筑模型中也可以使用手机电池作为临时供电设备，它可以反复充电使用，供电电压一般为 3.6 ~ 4.8V，连接时须对用电设备的额定电压做精确计算，保证用电安全，避免电压过低或过高而造成的危险。

（3）太阳能电池。它是通过光电效应或光化学效应直接将光能转化成电能的装置，主要用于户外展示模型。太阳能电池能有效降低制作成本，可以反复使用。太阳能电池组可以单独设计，且与建筑模型分离，将电池组布置在户外而模型仍置于室内。由于其应用灵活多变，适合房地产博览会或户外群组展示。

2. 交流电源

交流电有成交变电源，一般指大小和方向随时间做周期性变化的电压或电流。我国交流电供电的标准频率规定为 50Hz，交流电电源能持续供电，电压稳定，主要用于大型展示模型。

目前，各种灯具设备都选用 220V 额定电压，小功率概念模型也可以运用变压器将 220V 转换成 3 ~ 12V 安全电压，在模型制作中能满足作业的要求。如果要从 220V 交流电中获取 3 ~ 12V 安全电压可以采用旧手机充电器的方法，将输出典型接头切断，并分"正"和"负"两极单独连接（图 3.77）。

3.3.2.2 电路连接方式

1. 手动控制电路

此电路的原理简单，电源通过开关来实现发光源的控制。在使用时，需要某部位亮时，就按某部位的控制开关（图 3.78、图 3.79）。一般说来，发光光源的接法有两种：

（1）并联电路。并联电路是指将用电设备并列连接起来所组成的电路，适用于额定电压较高的用电设备，通常 220V 交流电设备使用并联电路。这种电路的优点是电压低、安全可靠，当某组光源中有损坏者，并不影响其他设备；缺点是用电电流大，需要配备变压器，因此造价高。

图 3.77　220V 电子变压器

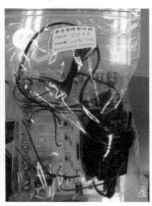
图 3.78　可控开关

图 3.79　模型电路开关

（2）串联电路。串联电路指将用电设备逐个顺次连接起来所组成的电路，适用于发光二极管等额定电压很低的用电设备，通常36V以下的变压直流电设备使用串联电路，这种电路造价低廉，线路简单，但每组光源串联电压为220V，所以电路的绝缘问题比较难处理。如果某组中有一个损坏，则全组不亮。

2. 半自动电路

大型模型在使用中需要向来宾、观众讲解时，利用讲解员手中的讲解棒做文章，便可使模型大放异彩。只要讲解员的讲解棒碰到模型中预先装好的触点上，延时和控制电路就开始工作。由控制电路发出指令，执行电路立即工作，现实电路同时发光。当讲解员在已调好的电路控制时间讲解完毕时，电路也就自动断电，恢复到下一个循环前状态。这种电路有许多变化，例如在讲解前端安装一个小光源，在需要模型某部位显示时，将讲解棒前端的光源对准预先埋好的光敏电阻，按下讲解棒上的开关，小光源即发亮，光敏电阻值发生变化，控制电路即开始工作。

3.3.2.3　灯光照明

1. 发光材料

目前在模型中，常采用的显示光源有发光二极管、低电压指示灯泡、光导纤维等。

（1）发光二极管（图3.80）。发光二极管价格低廉、电压低、耗电少、体积小，发光时无需升温等，适于表现点状及线状物体。可用于模型各个细节地方。发光二极管主要用于模型中建筑的各个角落、花坛、绿地、路灯、指示牌等细节地方，突出空间的层次感。

（2）指示灯泡（图3.81～图3.83）。指示灯泡亮度高、易安装，但是发光时升温高、耗电多，适于表现大面积的照明，一般用于较大的模型室内空间照明。

（3）光导纤维（图3.84、图3.85）。光导纤维亮度大、光电直径极小、发光时无温升，但价格昂贵，适于表现线状物体。通常用于表现模型水体形状、增强建筑外观流线、突出广场铺装的灯光效果。

图3.80　发光二极管　　　　图3.81　各种规格指示灯泡　　　　图3.82　低电压指示灯泡（染色米泡）

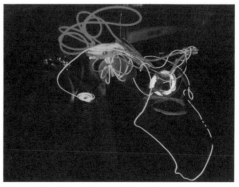

图3.83　各色低电压指示灯泡（米泡）　　　　图3.84　各色光导纤维

图 3.85　光导纤维

2. 照明方式

（1）自发光照明。自发光即是在建筑模型内部安装灯具，从模型构建中发光照明，这种形式主要用于房地产楼盘展示。将白炽灯泡安装在建筑物内，灯光可以透过磨砂有机玻璃片向外照射，模拟现实生活中的夜景效果，具有很强的渲染性（图 3.86 ~ 图 3.88）。此外，还可以将 LED 灯安装在模型道路两侧及绿化设施的路灯中，进一步加强建筑模型的真实感。自发光照明完全可以以真实光照为依据，是商业展示模型的首选。

（2）投射光照明。投射光即是在建筑模型的外部及周边安装灯具，对模型构建做投射发光照明（图 3.89）。这种形式用于辅助自发光照明，对自发光无法涉及的面域做补充照明。一般选用卤素灯安装在建筑模型的底盘周边，也可以在室内顶棚上做悬挂照射。卤素灯的照射方式比较明确，平均 1 ~ 2m^2 底盘面积需布置一只 35W 卤素灯。安装时要注意避免灯光照射到观众眼中形成炫光，影响观展效果。

图 3.86　建筑模型内部自发光夜景效果

图 3.87　建筑模型内部自发灯光照明效果

图 3.88　绿地中的地灯照明效果

图 3.89　水面投射光，强调了建筑外观

（3）环境反射照明。环境反射照明是指建筑模型在环境空间内的整体照明。建筑模型完成后，要在模型陈列场所做转向灯光设计，所形成的环境光会对建筑模型展示效果产生影响，均与柔和的漫射光可以照亮模型构建之间的阴暗转角。如果室内环境光并不理想，可以将模型放置在白色墙壁或浅色屏风旁，让白墙或屏风上的反光成为辅助反射光源。

3.3.2.4　制作过程

（1）设计灯光效果。对应设计方案的效果图，设计建筑模型灯光效果，统计其灯光照明组成部分及使用的发光材料、选择合适电路类型。是否包括建筑内部效果灯、建筑外部效果灯、街道效果灯、水系效果灯、顶置照明灯、顶置追光投射灯等。建筑与环境灯光效果可按需要分区独立进行突出展示，如行政区、商业区、道路系统、水景系统、绿化带、名胜古迹和市政广场等。

（2）在制作好的模型底盘上留出安装电源线的孔。一般变压器或电池等设备一般放置于底盘内部，这样比较美观大方，因此，需要在底盘上用电焊机焊出链接电源和灯具的孔（图3.90、图3.91），而灯的开关一般安装在底盘边上。

（3）安装建筑内部效果灯。在模型的建筑主体还没有完全制作成形，没有粘贴建筑顶平面材料前，就要开始安装建筑内部照明灯了，目的是要在内部放置灯具（图3.92）。模型的建筑单体一般需要突出其内部灯光效果，并且一般用统一的色光，形成整体效果（图3.93～图3.95）。

（4）安装建筑外部效果灯。在建筑内部效果灯完成后，接着是建筑外部效果灯，如建筑的出入口处、转折处的上下角落、柱子、走廊、楼梯等地方均可以安装照明灯具，并且展现不同的效果（图3.96～图3.98）。一般可以用二极管、指示灯、低电压灯泡（米泡）。

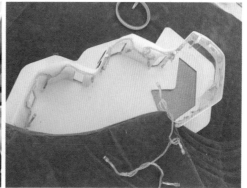

图 3.90　在模型底托预留孔位　　　图 3.91　电路连接

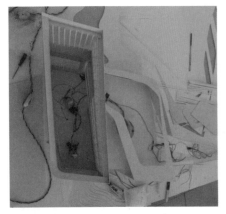
图 3.92 建筑内部安装白炽灯

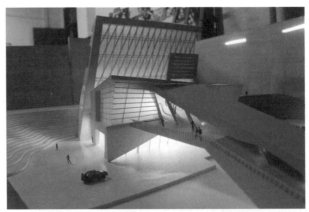
图 3.93 建筑模型内部效果灯

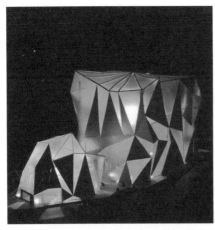

图 3.94 建筑模型内部灯光效果

图 3.95 突出建筑结构肌理的灯光效果

图 3.96　模型路灯的展示效果

图 3.97　灯光效果凸显材质特性

图 3.98　灯光效果突出建筑轮廓线条

（5）其他效果灯。除了模型的建筑主体内部、外部灯光效果外，模型环境中的水体、道路、广场、绿地也是设计灯光效果的重要地方，这些地方的灯光效果能有效地提升环境的空间意境，同时也可以在设计中以突出建筑为主的灯光效果设计，如在建筑周边设计投射光。此外，还要视模型的类型是属于概念性规划模型、单体建筑模型、沙盘还是园林景观模型，不同类型的模型灯光效果突出的侧重点各不一样（图 3.99 ～图 3.102）。

图 3.99　同一模型灯光效果展现的不同空间效果

第 3 章课件

图 3.100 突出道路与广场的灯光效果

图 3.101 突出绿地的灯光效果

图 3.102 利用灯光突出模型功能特点

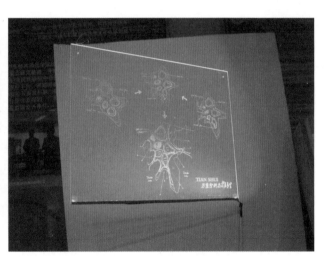

思考与练习

1. 动手设计制作简单的概念或方案模型，研究模型图纸和模型制作的相互联系。

2. 构思设计一建筑模型，或搜集资料以某一设计项目为背景，整理设计创意，制订建筑模型制作计划，绘制建筑模型的图纸和准备制作的模型材料。

3. 运用并分析不同模型材料表现同一建筑模型，研究其表现效果，把握模型整体与局部的关系处理。

4. 在同一模型中设计不同色彩的灯光效果，并进行对比，总结归纳其空间效果。

方案模型制作

教学重点： ■ 不同方案模型设计与制作

■ 方案模型的构思与深化之间的联系

教学难点： ■ 不同类型方案模型的设计制作

■ 不同方案模型的表达与创新

关键词： 空间构成　规划方案模型　地形方案模型

　　模型是按照设计图纸来制作的，而设计图纸需要根据设计任务的要求（如面积、功能、高度、形式和风格等）解决建筑物的问题，设计者根据基本要求构思出空间造型结构并做出初步草图。初步草图可以是平面图，也可以是立面图，然后以此为基础，横向或纵向发展，形成建筑物的空间立体形式。按照这些图纸就可以做出初步模型，即方案模型。

　　方案模型是由设计者根据自己的设计制作的，有时也可能是即兴创作，再根据模型做出草图，反向指导设计，但此模型的进一步深入还需要继续完善图纸。这种模型的制作者通常是设计者本人，或由设计工作室的专门人员快速制成。

　　根据模型制作工艺流程，把方案模型分成两类：建筑方案模型和环境方案模型（图 4.1）。

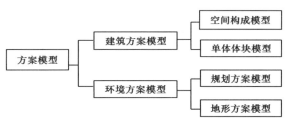

图 4.1　方案模型分类

4.1　建筑方案模型制作

　　环境设计专业的工科背景比较强，虚拟的构思图纸需转化为产品，为人类社会所服务，因此在设计教学过程中，就需要时刻锻炼学生的空间思维能力、尺度把握及实体的设计表现能力。模型制作课程教学或者在企业项目方案设计过程中，需要大量制作推敲构思设计的方案模型，完善设计理念。建筑方案模型最为简单易制作，因此，学习制作构思、建筑方案模型是建筑模型制作工艺的基础。建筑方案模型包括空间构成模型和单体体块模型两种。

4.1.1　空间构成模型

空间构成模型主要用于设计教学，在高等院校环境艺术设计专业的学习初期，在教师讲授点、线、面、体的相互关系和视觉效果展示后，学生需亲手制作模型进行体会（图 4.2）。空间构成模型常用的材料有吹塑板和卡纸，这些材料易于黏结，制作简单，无须专业培训，而模型也只是用来表示构件间的内部划分，或者探索空间场所中建筑、人与环境的尺度感。在有专业模型实训室，制作材料方便加工时，可以选择亚克力、ABS 板等来制作，更好地体现模型质量与美感。

图 4.2　空间构成模型

空间构成模型的最大特点是用最快速、最简洁的模型表现方式，把虚拟的二维图纸、设计构思或设计理念，用三维实体具象表达出来。空间构成模型注重要素之间的体量关系、布局关系，如植物与建筑、建筑与地形、地形与水体、建筑与建筑之间的空间关系。模型探索空间的尺度关系，是空间构成模型制作的重点。模型制作要求制作材料容易获取和加工、制作工具简易，且必须亲自动手完成。

4.1.2　单体体块模型

单体体块模型主要用于方案构思阶段直观地表达设计者的初步思想，可依据初步草图快速简单地做成（图 4.3）。单体体块模型没有严格的比例要求，常用比例为 1:400 ~ 1:200。设计者参与模型制作时，应根据要求和现场条件布置建筑物的体量构件，核算其空间尺度，以辅助方案的完成。单体体块模型也是环境艺术设计教学环节中常用的方案推敲手段，用于单体建筑和室内空间的设计。

单体体块模型制作是建筑设计与室内设计专业在教学、作业过程不可缺少的环节。学生或设计师可以迅速把握方案的三维实体效果，思考其空间尺度关系、室内外关系、光影关系等效果。通常为了完美达到与构思设计相符合，一个项目推敲过程中会有多个不同深度、不同造型的单体体块模型，从而互相比较、论证。这类模型制作工艺以简洁、快速、易加工为特点。

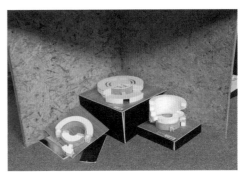

图 4.3　单体体块模型

案例 4.1　单体体块模型制作——纽约交通枢纽·城市合金塔

1. 项目背景

城市合金塔（Urban Alloy Tower）项目选址在美国纽约长岛铁路和第七列车的交汇处，该项目以纽约市 LIRR 地铁换乘站为背景，采用先进的照明和能源技术，将居住、购物、商务等功能融为一体。设计师为 Chad Kellogg 和 Matt Bowles。项目重新定义了传统的居民楼，丰富了新式住房的类型。项目周围有很多交通路口，例如轻轨和高速公路。如果想要优化生活环境，那就要采用特殊的建材，可以建在这些交通要道之上。这种设计为当前的城市更新提供了新的思路，也是纽约城市设计的新探索。

学生团队在模型设计制作中以体现建筑主体概念设计为主，用接近建筑科技感的色彩、材料进行还原，同时将周边环境交代清楚，让观者更清楚建筑与环境中的建筑空间关系。

2. 项目训练清单

项 目 训 练 清 单

项目编号：4.1　　　　　　　项目名称：**方案模型制作**　　　　　子项目名称：**单体体块模型制作**

模型名称	纽约交通枢纽·城市合金塔		小组成员姓名	组长：王佳斌
任务制作时间	3 周	完成效果		组员：钟一鸣　黎兰　郑大鹏　李元楚
一、模型设计构思				

该项目以纽约市 LIRR 地铁换乘站为背景，采用先进的照明和能源技术，将居住、购物、商务等功能融为一体，重新定义了传统的居民楼，丰富了新式住房的类型。规划有序的混合板材突出了几何设计，从圆柱过渡到三角形，从底部到顶部，每栋楼都层次鲜明。外部的合金材料的运用和设计灵活多变，观赏性强，每个节点都有独特的看点。整体的布局展开来看，就是一张网，罩住了下面的交通枢纽。在每个网格节点处，都有最佳的遮阴效果和日光传输设计。根据实际需求，建筑表面的节点会张开横向和纵向的金属"鱼鳍"，这种独特的金属设计美化了外观，会随着光照角度的变化而变化（图 1）。

图 1　原有建筑设计图纸

二、训练清单	
1.方案设计图纸一套	
2.材料清单一份	
3.使用设备、工具清单一份	
4.模型作品一个	
5.成果呈现：实体模型、照片、视频	
6.作品制作工艺流程和工序编排	
三、项目要求及评分标准	
1.模型设计制作细致、总体与局部兼顾、材料使用到位、表现力强	20分
2.模型造型美观、空间尺度怡人、色彩比例和谐	15分
3.作品外观整洁、图标比例尺摆放到位	10分
4.制作工艺流程熟悉、设备操作熟练	20分
5.项目任务单、项目报告单填写正确、完整	15分
6.团队合作和谐，分工明确，能够妥善地解决项目实施过程中的问题	10分
7.安全操作意识及设备的正确使用	10分

3. 项目训练报告书

项 目 训 练 报 告 书

项目编号：4.1　　　　　　项目名称：方案模型制作　　　　子项目名称：单体体块模型制作

模型名称	纽约交通枢纽·城市合金塔		小组成员姓名	组长：王佳斌
任务制作时间	4周	完成效果	优	组员：钟一鸣　黎兰　郑大鹏　李元楚

一、制作可行性分析

　　基于原创的模型作品，都需要对模型的建筑设计方案、材料获取、工艺方式这三个方面的可行性，只有全面考虑了这三个方面的分析，才有可能按计划完成创作：

　　（1）设计方案。完成成套的建筑设计方案，从平面方案、立面图、剖面图到三维电脑效果图，或手绘效果图。图纸尺寸到位，便于模型材料的用量以及开料。

　　（2）材料获取。考虑用什么类型的材料表现模型效果，表达建筑设计方案，材料是否容易购买获得。本案大部分采用进口有机玻璃。

　　（3）工艺方式。小组团队分工合作，每个工艺步骤分解出去，形成任务清单。

二、模型设计过程

　　模型图纸设计城市交通枢纽设计方案理念，而焦点在突出交通枢纽城市合金塔建筑的细节设计，弱化周边的环境。

　　（1）场地分析与设计。纽约交通枢纽城市合金塔建筑坐落于平整地形。建筑与环境的场地比较规整，模型底盘与地形设计比较简单。因此，选择这一选题作为项目案例，对学生学习掌握建筑主体、建筑的模型设计与制作针对性强（图2）。

　　（2）建筑设计分析。①建筑风格，纽约交通枢纽城市合金塔的建筑风格特征；②建筑肌理质感，对原有建筑表面的肌理质感的解读，从材、色彩等方面的解读有利于在模型制作中寻找出合适的材料，以达到最相似的制作效果；③建筑空间组合关系，把主建筑的各个立面效果，整个空间布局与环境的边界关系分析解剖，最终以效果图表达出来，如图3、图4所示。

图2　场地分析图

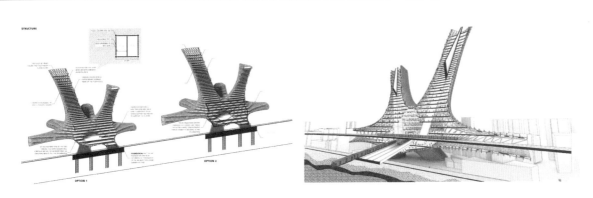

图 3 建筑设计推导

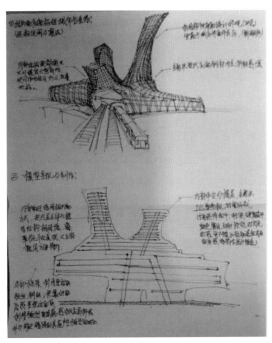
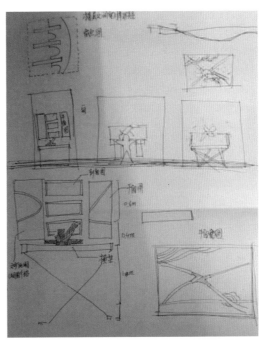

图 4 建筑设计分析

可以参考网上关于这个建筑设计的所有资料，包括模型。学生在制作过程中，会根据自身的能力与客观条件最后做出设计调整，获得一个最佳的模型方案，即第二次设计。所以网上的所有资料均可以借鉴，但是在做模型的时候要有所突破，不能完全照搬。

（3）方案确定。根据网上的资料以及前期的制作可行性分析，将材料、设备以及综合考虑团队的工艺方法，确定模型的建筑设计方案，出电脑或手绘的三维效果图。图纸输出，把需要落实在模型底板上的图形，包括平面、立面按需要的比例手绘或电脑绘制出来，然后使用激光雕刻机雕刻（图 5）。

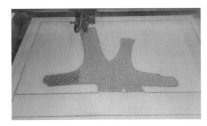

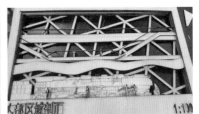

图5 激光雕刻机开料

continued表

三、材料与设备选择分析

1. 材料选择分析

根据前期可行性分析、模型设计方案进行选择。

（1）材料选择。列出所需材料，包括主料和辅料。主料包括木板、有机玻璃、铁丝等；辅料包括520胶、U胶、亚克力胶等。模型主料与辅料都比较容易找到、购买。

（2）填写材料清单。

2. 设备工具选择分析

（1）设备工具选择。这个建筑模型对工具要求相对普通，本案的建筑单体体块模型的制作工具以激光雕刻机为主，其他是常见的钩刀、钳子、锯子等。

（2）填写设备工具使用清单。

案例 4.1 模型制作材料和设备工具清单

四、模型制作过程

塔状的建筑组合体的模型设计与制作，应合理安排建筑主体在整个模型作品中的空间关系、构图重心。按照设计图纸、资料图片，先把周围建筑用有机玻璃按照设计图纸，通过这个项目的设计与制作过程完全掌握标准模型中组合建筑模型制作工艺流程。

1. 底板制作

（1）底板布局。根据项目图纸要求，规划好模型的主次部分，留有比例尺、指北针等相关信息的位置。

（2）底板制作。根据模型方案图纸，缩放组合建筑的比例，确定底板的尺寸大小，然后选择恰当的底板长宽。这个项目案例，模型建筑比例为1:1000，选择750mm×900mm的白色木板制作一个完全白色的模型底板（图6）。

案例视频

案例 4.1 模型设计制作

图 6 白色底板

2. 建筑制作过程

（1）周边环境建筑群制作。按照设计图纸资料图将有机玻璃用激光雕刻机逐一切割，并喷漆、抛光打磨各个构件以便于粘贴，打磨好后，各个小块件进行粘贴组合。这些细节比较烦琐，需要详细的任务分配清单才会有条不紊进行（图7）。

图 7 周边环境建筑群制作

（2）建筑主体制作。主体建筑从内到外进行，内部用ABS板层叠固定，外部用铁线包围，并固定成形，铁线的弯曲造型稍微有点花时间，尽量选择不要太硬的铁线（图8）。

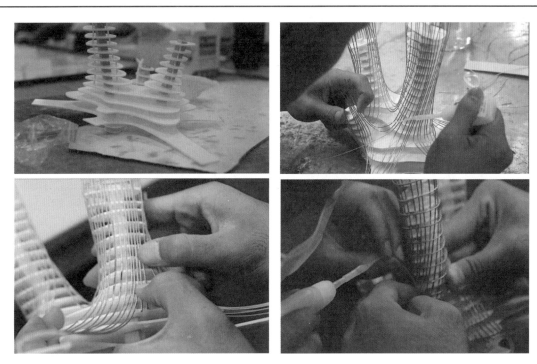

图8 建筑主体制作过程

五、模型作品展示

单体体块方案模型由于比例较小，侧重于整体的布局，而不是细节。利用点、线、面以及平面图线性与实体建筑的关系，来表达出建筑方案的特点，并制作成效果（图9）。

图9（一） 模型展览效果展示及制作团队

图9（二）　模型展览效果展示及制作团队

六、作品展览信息反馈

（1）该单体体块方案模型作品方案构思设计是展现建筑简洁、空间对比明显的特点，使模型的主体建筑与周边环境形成鲜明对比。作品通过材质的对比达到了这一目标。

（2）通过作品展示，发现模型中央塔状圆柱体主体建筑——纽约交通枢纽·城市合金塔从材质上已与周边环境区别开来，但主体建筑还不够精细，还可以做得更好。不过，用于设计阶段推敲方案，本案模型制作的深度已经达到学习目的。

（3）成果的展览有利于教学效果评价。

拓展学习

案例4.2
项目训练清
单和报告书

案例 4.2　空间构成模型制作——深圳"天空之城"

4.2　环境方案模型制作

概念化方案模型的表现方式，以其整体造型简洁，在建筑设计、景观设计、城市规划等相关专业、行业中的方案设计表达具有非常独特的一面，不仅能在教学中协助教师、学生获得直观的空间尺度效果，在国际竞赛方案竞标中，也具有重要作用。概念化方案模型包括了地形模型工艺与规划方案模型，这两类模型对比起构思推敲模型（空间模型、单体体块模型）表达的空间尺度较大，其制作可粗犷、可细腻，总体展现出大气、抽象的一面。因此在本书中，概念化方案模型列入模块三方案模型制作工艺中。

4.2.1　规划方案模型

规划初步模型重点表现建筑物间及建筑组团间的相互关系，并简略表现环境布置概况，而其中的单体建筑仅仅用长、宽、高与屋顶形式来表现，其他凹凸部分随着比例的缩小可以忽略（图4.4）。规划初步模型和单体体块模型基本相似，比例为1:2000～1:500，常用于环境设计专业景观设计课程的辅助训练。

图 4.4　规划方案模型

4.2.2 地形方案模型

地形方案模型是以地形制作为主、建筑制作为辅的模型作品。地形模型按照地形构造一般分为全面分层地形、重叠分层地形、分开层面地形、斜坡地形、不受限不规则地形模型，具体制作时，根据设计方案或项目具体情况选择其中一种。

4.2.2.1 全面分层地形模型

为了减轻模型质量和减少材料用量，可在较大的全面分层中间填进塑胶泡沫等类的填充物。在比较陡的地层上，这是较合理的解决方式。全面式的分层可以继续加工，也

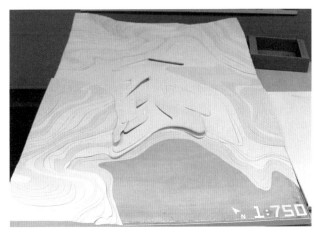

图 4.5 全面分层地形模型

可以在深度上进行事后的修剪；它可以根据建筑材料钻孔和磨平，也可因其稳固性好而安置可拆下的基座（图 4.5）。

4.2.2.2 重叠分层地形模型

在地形模型的制作上，这种制作方式总共使用两块相同的板子，配合其材质的硬度以阶梯式层面逐层增高。画好两块板子全部的高度线，再编上号码，然后再将一块板子沿着所有的偶数等高线分割，而另一块板子则根据奇数分割。每块在大概中间的位置画上轮廓作为连接时的支援点——板 A 和板 B 相互交替（图 4.6）。这种方式节省了材料，也减轻了质量，但底部结构的材料要非常坚硬，才不会让一些"面"下垂。

4.2.2.3 分开层面地形模型

一个地层最好裁剪自同一块板子，并在一个已分层的底部结构上固定。同时，将切割片的背面向下正面向上。一个较合适的材质硬度的确给人好的印象，但模型的整体印象不会由地形层面所形成的印象来决定，因为地形模型是不可触摸的。这种建模方式的优点不只是节省材料，而且还减轻了模型的质量。最好使用结实的材料，以便于自由粘贴而不致于下垂，牢固性也好。软木、软木板等质软的材料就不合适。这种模型的缺点是制作完成后易变动（图 4.7）。

图 4.6 重叠分层地形模型

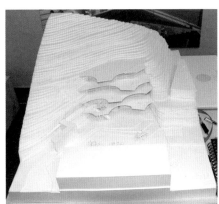

图 4.7 分开层面地形模型

4.2.2.4　斜坡地形模型

当地层模型的阶梯图样不被接受以及模型上没法做地形调格时，斜坡的造型就是一个不错的解决方案。在相同坡度的斜坡上，斜坡的比例尺的使用是没有问题的。也许模型的部分地方（例如因为边缘的关系）根据图纸的要求延伸于每条等高线间，因此可以从最深点底

图 4.8　斜坡地形模型

部结构开始固定整个平面，以免框架倒塌。在底座置上两个或更多不同的斜面可以以这种制作方式制作出更为抽象的菱状地形，也可以让草图尽可能地完善。这需要一些练习，就是先将各个平面分开，查明其大小，并在表面洁净的情况下相互连接，地形和建筑模型间的连接也必须精确地根据草图加以完成。还要注意不要让道路横跨在模型上（图 4.8）。

4.2.2.5　不受限不规则地形模型

不受限不规则地形模型，是指根据创作需要，不需要精确的尺寸、材料、位置进行的地形制作，例如在方案构思过程中制作的概念模型，是学生和设计师在构思阶段中经常制作的模型。

案例 4.3　规划方案模型制作——新釜山歌剧院环境规划方案

1. 项目案例背景

新釜山歌剧院设计方案由 ORPROJECT 事务所设计，设计灵感来源于钢琴曲 Klavierstück I。设计基于简单的条带式形式，在内部形成独立的表面、结构和节奏，这里重复的是空间而不是时间。层层的条带形成表皮的结构，不断变化的形式形成复杂的建筑节奏，并很好地控制着光线、景色。新釜山歌剧院是一个巨大的文化中心，包括一个 2000 个座位的歌剧院和一个 1300 个座位的多功能剧院，将作为韩国釜山市标志性建筑，使釜山成为国际旅游的新目的地。项目基地面积为 34928m²，是海洋文化区（总面积 137640m²）的一部分。建筑与环境设计简洁，充分运用了点、线、面的几何构成，富有节奏与动感。

这是一个停留在图纸上的概念方案，目前还没有实体建筑落成。选取该规划方案制作模型，目的是探索其空间关系。制作者收集的图纸资料非常少，只有效果图，没有任何的 CAD 平面、立面图，小组经过交流讨论和一番头脑风暴后，进行了二次设计，融入了自己的设计理念与创意，整理了一套建筑图纸数据，并顺利地进行了模型创作。

2. 项目训练清单

项 目 训 练 清 单

项目编号：4.3　　　　　　　项目名称：方案模型制作　　　　　子项目名称：规划方案模型制作

模型名称	新釜山歌剧院环境规划方案		小组成员姓名	组长：方海斌　谭慧
任务制作时间	3 天	完成效果		组员：黄筱莹　刘淑娴　黄建强
一、模型方案图				
从网络寻找相关资料，作为环境规划模型制作的基础（图 1）。梳理道路、水体与建筑的规划布局关系，为后面方案图纸设计、材料选择分析进一步的深化做准备。				

续表

图1 方案设计效果图

二、训练清单

1. 方案设计图纸一套
2. 材料清单一份
3. 使用设备、工具清单一份
4. 模型作品一个
5. 成果呈现：实体模型、照片、视频
6. 作品制作过程

三、项目要求及评分标准

1. 方案模型制作简洁、材料选择恰当，能合理应用项目知识和查阅相关知识	20分
2. 模型造型美观、空间尺度怡人、色彩比例和谐	15分
3. 作品外观整洁、图标比例尺摆放到位	10分
4. 制作工艺流程熟悉，设备操作熟练	10分
5. 项目任务单、项目报告单填写正确、完整	20分
6. 团队合作和谐，分工明确，能够妥善地解决项目实施过程中的问题	15分
7. 安全操作意识及设备的正确使用	10分

3. 项目训练报告书

项 目 训 练 报 告 书

项目编号：4.3　　　　　　　　　项目名称：方案模型制作　　　　　子项目名称：规划方案模型制作

模型名称	新釜山歌剧院环境规划方案		小组成员姓名	组长：方海斌　谭慧
任务制作时间	3天	完成效果	优	组员：黄筱莹　刘淑娴　黄建强
一、场地分析				

（1）环境分析。根据设计方案理念以及所找到的资料，新釜山歌剧院是一个滨海建筑，周边地形比较平坦，周边环境与绿化，主体建筑的线条延伸到周边的建筑，以富有动感的线条作为建筑景观的一部分。根据有限信息，规划方案模型需要对其环境进行二次设计。

（2）场地规划设计。从网上查找到本项目方案图纸，原有建筑的造型与周边环境结合非常优美，也是在空间构成模型中可以体现的。简洁地在模型图纸中体现歌剧院、建筑群与道路、水的规划关系（图2）。

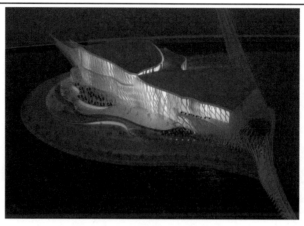

图2　建筑及周边局部环境图

二、模型设计过程

1. 模型图纸设计

（1）构思整理。规划方案模型主要把握要素之间的尺度感、空间布局，同时要注意制作时间，化繁为简，便于为推敲建筑设计方案，同时也为同步的标准模型或展示模型的设计制作留有足够时间。

（2）环境方案确定。本项目的环境规划方案通过以整体环境风格为主要表现特征，关键是要确定建筑、水体、道路的比例、材料选择、色彩表达（图3）。

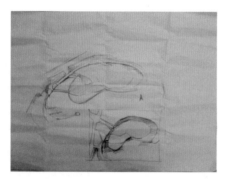 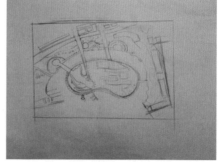

图3　规划方案草图

2. 图纸输出

把需要落实在模型底板上的图形，即二次设计的方案图纸，包括平面、立面按需要的比例手绘或者电脑绘制打印输出，然后直接通过完成的CAD图（图4）输入激光雕刻机，即可打印输出。

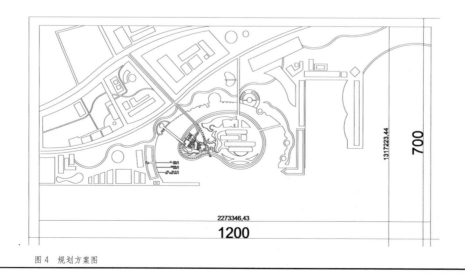

图4　规划方案图

续表

三、材料与设备选择分析

1. 材料选择分析

（1）材料选择。规划方案模型制作需要在较短时间内完成，同时结合模型简洁、整体感强的特点，选取的模型主材与辅材需要容易找到、购买并制作工序简单。

（2）填写材料清单。

2. 设备工具选择分析

（1）设备工具选择 。规划方案平面图可以直接用激光雕刻机刻在白色面漆板上，椴木板可用雕刻机切割成片。

（2）填写设备工具使用清单。

案例4.3
模型制作材料和设备工具清单

四、模型制作过程

通过这个项目的设计与制作过程，完全掌握概念类方案模型制作工艺流程，也即地形模型的制作工艺——方法、步骤，是模型设计制作的核心内容。

1. 底板制作

（1）底板布局。根据项目图纸要求，规划好模型的主次部分，留有比例尺、指北针、作品名称、制作者等相关信息的位置。

（2）简易底板制作。本案规划方案模型的地形平坦，直接运用面漆胶合板或平时的绘图板作为模型底板即可（图5）。

图5　面漆胶合板与绘图板

2. 规划方案内容制作

（1）规划平面模型制作。利用激光雕刻机，直接把设计好的规划平面图雕刻在面漆胶合板上（图6）。

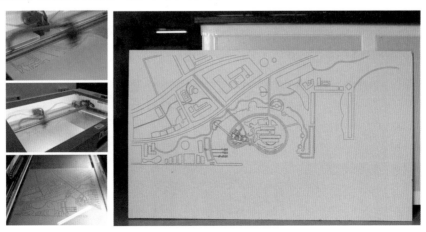

图6　激光雕刻机雕刻规划平面方案

（2）建筑及环境模型制作。主体建筑及周边的建筑群，按照设计图纸资料的尺寸关系，用刻刀或者激光雕刻机切割椴木板，并黏贴成盒子，作为建筑群，形成简洁的规划方案模型。

（3）比例尺、指北针制作。利用剩余材料制作比例尺、指北针和作品名称，然后粘贴在底板上即可。

五、模型作品展示

规划方案模型的立体效果较弱，平面构成感较强，因此可以作为一幅作品，挂在展墙上展示（图7）。利用点、线、面的关系以及平面图线与实体建筑的关系，表达出规划方案，模型可以制作成简洁的效果，打破以往规划图需要有详细的道路、水体等配景制作的传统工艺手法（图8）。

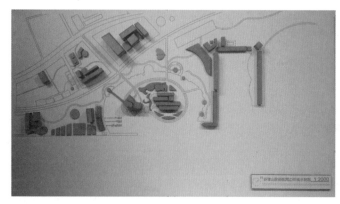

图 7　模型作品展览效果　　　　　　　　　　　图 8　规划方案中的建筑群制作效果

六、作品展览信息反馈

（1）该规划方案模型作品需要展现方案简洁、空间对比明显的特点，模型的主体建筑与周边环境应形成鲜明的对比。作品通过材质的对比达到了这一目标。

（2）通过作品展示，发现模型中央弧形主体建筑——釜山歌剧院与周边建筑群没有从色彩或材质上区别开来，标志不够明显，可以适当改善。不过，用于设计阶段推敲方案，本案模型制作的深度已经达到学习目的。

（3）成果的展览有利于教学效果评价。

七、方案模型的后期深化

这个方案模型在后期延伸制作，方案深化后，形成了第5章单体建筑标准模型的一部分（图9、图10）。这充分说明：方案模型的制作会随时根据设计的思路以及方向调整，可形成另一个模型的重要部分或者环境。

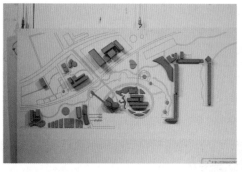
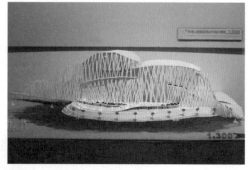

图 9　环境规划模型与其中的建筑单体标准模型

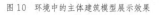

图 10　环境中的主体建筑模型展示效果

案例 4.4 地形方案模型制作——黄山太平湖公寓

1. 项目案例背景

黄山太平湖公寓是 MAD 建筑事务所设计的黄山太平湖旅游区整体规划的一部分,所在地原为布满茶田的小山丘,曲径通幽,依太平湖而立,山水之间,有着诗画意境。设计将 10 栋高矮不一的建筑沿着湖边错落有致地、自然地散落在太平湖边的山脊上,就像是山的一部分,因山势而缓缓"生长"。每栋公寓楼不同的建筑外形及公寓楼间不同的水平高度,形成了有趣但和谐的呼应,整体就像是依山而立的竖向排布的村庄。建筑在山水中,与自然天地融为一体。作为马岩松提出的"山水城市"设计理念的最新建成实践,黄山太平湖公寓从另一个维度探讨住宅的新的可能性——在自然环境中的建筑应该是人对自然和环境的情感抒发。

根据现有的建筑图纸资料,制作者加入了自身对建筑的理解,从中挑选了 4 栋最具代表性、最有特点的建筑,进行了一定程度的概念模型创作。为了更好地展现这一方案,团队制作了地形模型、单体体块模型、空间构成模型。其中,地形模型和单体体块模型基于原方案等高线地形图和建筑平面图进行了二次创作。不同的模型,采用不同材料及加工手法,尽可能地展示创作者的思考与设计,并以多种手法展现了原建筑的魅力。

2. 项目训练清单

项 目 训 练 清 单

项目编号:4.4　　　　　　　　　　**项目名称:方案模型制作**　　　　　　　　**子项目名称:地形方案模型制作**

模型名称	黄山太平湖公寓		小组成员姓名	组长:韦炳宇
任务制作时间	4 周	完成效果		组员:晏子俊　朱贺　王子露　许傲卿　赵宇

一、模型设计构思
要求学生按照有限的图纸资料进行模型设计制作的原创,出具一套完整模型设计构思图(图1、图2)以及模型制作工艺流程。

 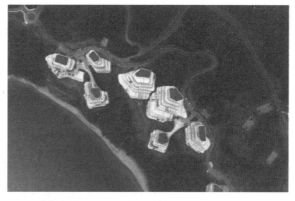

图1　建筑效果图　　　　　　　　　　　　　　　　　　　图2　环境效果图

二、训练清单
1.方案设计图纸一套
2.材料清单一份
3.使用设备、工具清单一份
4.模型作品一个
5.成果呈现:实体模型、照片、视频
6.作品制作工艺流程和工序编排

三、项目要求及评分标准	
1. 模型设计制作细致、总体与局部兼顾，材料使用到位、表现力强	20分
2. 模型造型美观、空间尺度怡人、色彩比例和谐	15分
3. 作品外观整洁、图标比例尺摆放到位	10分
4. 制作工艺流程熟悉、设备操作熟练	20分
5. 项目任务单、项目报告单填写正确、完整	15分
6. 团队合作和谐，分工明确，能够妥善地解决项目实施过程中的问题	10分
7. 安全操作意识及设备的正确使用	10分

3. 项目训练报告书

项 目 训 练 报 告 书

项目编号：4.4　　　　　　项目名称：方案模型制作　　　　子项目名称：地形方案模型制作

模型名称	黄山太平湖公寓	小组成员姓名	组长：韦炳宇
任务制作时间	4周　　完成效果　　优		组员：晏子俊　朱贺　王子露　许傲卿　赵宇

一、制作可行性分析

　　原创模型作品需要从模型的建筑设计方案、材料获取、工艺方式等三个方面进行可行性分析，只有全面地考虑了这三个方面，才能按计划完成创作。

　　（1）设计方案。选取黄山太平湖公寓建筑群的一部分进行模型制作，方案设计难度在于地形与建筑的结合，地形的高差关系、建筑的尺寸数据都要处理好，才能出具方案图纸。根据从网上收集的资料，完成建筑设计图纸。本案图纸资料比较齐全，方案效果优良。

　　（2）材料获取。以各式木板、纸板和亚克力材料为主，该项目的模型材料比较容易获得。

　　（3）工艺方式。在设计方案与所需材料解决后，要分析是否能使用实验室设备制作模型以及小组的分工合作、进度是否合适，形成任务清单。

二、模型设计过程

1. 方案图纸设计

　　选择的黄山太平湖公寓方案，其巧妙地将地形与建筑自然地融合为一体，模型制作着重表现建筑与地形的融合。

　　（1）构思整理。太平公寓是10栋建筑的建筑群，坐落于黄山的一处小山丘。小组讨论后，决定选取其中4栋组成小建筑群，作为本次方案对象，考虑到本次方案没有过多的建筑细节，最后决定做成概念类模型。在方案设计上，结合了从网上获得的总平面图，完成了此次方案所需的平面图、立面图，通过讨论修改得出最佳模型方案，然后输出打印图纸。

　　（2）场地规划与建筑设计分析。整体建筑与环境联系紧密，建筑与地形分别用了纸板与木板，材质上的对比使建筑更为突出。整个方案巧妙地运用了曲线，使简洁的环境富有节奏和运动感。模型有主次之分，高低错落有致。

2. 方案确定

　　根据网上资料，以及前期的方案制作可行性分析，把材料、设备以及团队的工艺方法综合考虑，确定建筑方案，出具电脑三维效果图。

3. 图纸输出

　　把需要落实在模型底板的图纸，包括平面、立面，按需要的比例用电脑绘制输出（图3）。

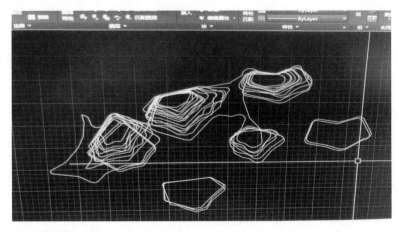

图3　绘制地形CAD图

三、材料与设备选择分析

1. 材料选择分析

根据前期可行性分析，模型设计方案进行选择。

（1）材料选择包括主材和辅材。主材包括有木板、纸板、亚克力；辅助材料包括401胶水、502胶水等。

（2）填写材料清单。

2. 设备工具选择分析

（1）设备工具选择。本案的方案模型制作工作主要依靠激光雕刻机和曲线锯，辅以剪刀、美工刀、刻刀等就可以完成。

（2）填写设备工具使用清单。

案例4.4
模型制作材料和设备工具清单

四、模型制作过程

1. 底板制作

（1）底座大小。根据绘制的图纸来确定底座的面积大小和厚度。

（2）底座布局。此项目属于建筑群模型的制作，地形有高低差，建筑在一个半坡上，所以底板不需要着重表现，仅作为一个托起整个建筑模型的作用。因此底板的制作比较简单，切出合适的尺寸后在底板朝上的正面雕刻一些等高线肌理即可，不过多修饰，将重点更多地放在更重要的地方（图4）。

案例视频

案例4.4
模型设计制作

图4　环境平面图

2. 地形制作

（1）以画好的CAD图纸为基础，使用激光雕刻机雕刻2mm厚的薄木板。分别有七种不同形状的木片，每种都有14片。共98片，理论高度为196mm（图5）。

图5　地形雕刻

（2）将每种不同的木片分类后，用502胶水分别将同样形状的木片粘在一起，然后再按照图纸的高低标注依次堆叠在一起（图6）。

图6　地形粘贴

　　（3）地形木板的下方是一个中空的设计，所以测量高度后要按实际的数据去裁实木棍然后粘到下方，将整个地形支撑起来，起到一个承重的作用（图7）。

图7　地形堆砌

　　3.建筑制作

　　地形制作完成之后，接着要做的就是四栋主体建筑模型。原建筑都是外形独特、有辨识度的异形建筑，和它所依附的地形完美融合，相得益彰。同一座楼的每一层的楼板形状基本相似，但又各有变化，而这也正是创作者最想着重表达的一部分。用不同材质表现不同质感，又要让模型的整体感强烈，这是创作此模型的第一要义。

　　（1）按照CAD图纸，通过操作激光雕刻机，将模型所需的不同形状的楼板切出来，然后将用激光雕刻机烧焦边缘，再用磨砂纸打磨处理，最后对楼层板面层进行喷漆处理，使其表面颜色更均匀（图8）。

图8 建筑构件加工

（2）用亚克力板制作模型建筑的墙体，按照图纸切成若干大小、高度相同的亚克力块。使用402胶水将亚克力块按照一定规律与纸板进行粘贴（图9）。

图9 建筑墙体整理

（3）将粘好的楼层按照计算的尺寸、位置进行打孔处理，将ABS棒穿入，作为地形连接和承重的支点。

五、模型作品展示

模型作品在白天和夜晚拍摄，通过多角度的拍摄，可以更好地反映建筑模型的空间效果、材质、肌理、色彩等的对比与工艺品质（图10、图11）。

图10 模型白天效果

图 11　模型灯光效果

六、作品展览信息反馈
（1）模型作品展示展览需要一定的摄影基础知识、灯光照明设计知识。 （2）这组作品的展现透露出，地形模型制作主要是对建筑地形环境的把握、模型 CAD 图纸输出以及材料的选择。地形上的建筑主体模型尽可能地简洁，以突出地形流畅简单的线条。地形空间感的把握，也是理解与表达建筑方案特点的途径之一。 （3）成果的展览有利于教学效果评价。

案例 4.5　地形方案模型制作——土耳其 Hebil 157 Houses

案例 4.6　地形方案模型制作——西藏非物质文化遗产博物馆

拓展学习　　　　案例视频　　　　　　　　　拓展学习　　　　案例视频

案例 4.5
项目训练清
单和报告书

案例 4.5
模型设计
制作

案例 4.6
项目训练清
单和报告书

案例 4.6
模型设计
制作

案例 4.7　地形方案模型制作——大理文化创意产业园一期

案例 4.8　地形方案模型制作——日本半坡景观住宅 Greendo

拓展学习　　　　案例视频　　　　拓展学习　　　　案例视频

案例 4.7
项目训练清
单和报告书

案例 4.7
模型设计
制作

案例 4.8
项目训练清
单和报告书

案例 4.8
模型设计
制作

4.3　知识拓展：方案模型的媒介作用、分解与深化

拓展学习内容包括：

■ 方案模型的媒介作用

■ 方案模型的分解

■ 方案模型的深化

 扫码阅读

课后实训

第 4 章课件

选取平时的室内设计、景观规划、建筑设计作业，以其构思方案图为蓝本，将其转化为初步概念阶段时的方案模型。制作一个空间构成模型。具体要求如下：

1. 以小组的形式完成项目内容，2 ~ 3 人为一组。

2. 突出方案模型的灵活性、概括性和简洁性特点。

3. 结合材料的多样性和激光雕刻机的多种功能进行创新性创作。

4. 出具一套完整的模型设计构思方案，包括展览形式。

5. 用相机记录制作的全过程，拍摄图片、花絮。

6. 最后提交方案模型 1 ~ 3 个、训练清单与报告各 1 份、模型制作过程视频 1 ~ 2 个，每个视频时长 3 ~ 10 分钟。

第5章 标准模型制作

标准模型在整个设计过程中介于初步模型和最终展示模型之间，起着非常重要的作用，它根据扩大初步图或施工图制作，在材质表示和细部刻画上要求表达准确，以便交流和修改。它的作用一般是方案讨论和报送规划局等。若方案定稿极少修改，有些地产开发商会把它作为最终售楼的展示模型。

近年来，随着设计市场的开放和活跃，在设计者与甲方间普遍存在设计过程互动和设计投标公开化的情况。设计者与甲方和相关机构的交流与沟通，必须要通过丰富的设计表达才能实现。在这之中，模型无疑要比图纸和说明文字更加直观。它可以帮助甲方摆脱大量的图纸，直接观看建筑物的本来形象，从中了解设计者的构思意图，并提出自己的疑问、建议，使双方能够尽快达到意见的统一。

标准模型必须严格按照一定的比例制作，以便核算准确的空间尺度。对某些复杂的结构构件或细部装饰可直接制作成 1:1 甚至更大的模型，给设计者以直观印象，以便于修改及画出详细的设计图，并为日后施工提供可见的实体。

标准模型分为建筑设计类和景观规划类两大类（图5.1）。

建筑设计类标准模型主要表达建筑和周围环境的相

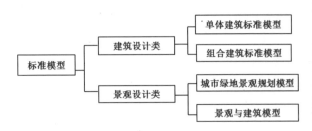

图 5.1　标准模型分类

互关系，常用比例为 1∶300 ~ 1∶50。对于建筑物本身，可以采用单色系（或极少色）或自然色系。单色系基本采用一种颜色，白色或浅色，门窗与墙面用前后凹凸表示。一些非重点的建筑在制作过程中需概念化和简单化处理。景观设计类标准模型可分为城市绿地景观规划模型和景观与建筑模型两类。

5.1 建筑设计类标准模型制作

建筑设计类标准模型在制作过程中，需要有完整的建筑设计方案，清晰地了解建筑设计理念、场所精神、设计细节过程、功能空间分析以及表现特点。所有这些细节，都将决定模型设计构思的形成及模型制作工艺中材料选择、色彩搭配、总体布局以及细节处理。

5.1.1 单体建筑标准模型

单体建筑标准模型，即模型制作对象以单一、独立建筑楼体，通常出现在世界建筑设计招标比赛项目、市政重要建筑招投标评审项目中。由于建筑设计在甲乙方之间讨论、交流及提交评审，因此单体建筑标准模型的设计与制作工艺会比方案模型要复杂、精细得多。一般设计制作时，会略带周边城市环境的制作，并突出该建筑的特点进行制作，会细化到材料的质感。为了更充分交代建筑设计特点，单体建筑标准模型可以是建筑设计外部结合表现建筑内部功能空间。

5.1.2 组合建筑标准模型

组合建筑标准模型相对于单体建筑标准模型而言，建筑部分是组合式的，可以是多栋楼体联合形成一个整体，中间具有天井空间、围合庭院等丰富的建筑组合空间。因此，在表现组合建筑标准模型时，需要把建筑围合形成的多元空间表现出来，以更加清晰交代建筑与建筑之间的衔接关系。组合建筑在模型制作时，需要注意面与面之间交接处的修边处理，一定要平整、光滑、无缝隙，因此这个地方很容易让观众停留目光，制作不到位，影响第一印象。

案例5.1 单体建筑标准模型制作——意大利米兰世博会中国馆

1. 项目案例背景

意大利米兰世博会中国馆建筑模型的制作工艺复杂、烦琐，模型制作精细。这个模型作品是学生的原创作品，以米兰世博会中国馆为原形。意大利 2015 年米兰世界博览会中国国家馆（以下简称"米兰世博会中国馆"）以"希望的田野，生命的源泉"为主题，面积达 4590m²，是意大利 2015 年米兰世界博览会第二大外国自建馆。中国馆建筑外观如同希望田野上的"麦浪"，设计靓丽清新，大气稳重，以艺术化的设计语言、先进的科技手段，诠释了中国人对农业、粮食、饮食、自然的看法。

制作团队选取该项目作为模型课题作业，由于收集到的图纸资料有限，经过交流讨论，整理出一套建筑图纸，加上一步步的努力制作，使得建筑模型作品得以面世。

2. 项目训练清单

项 目 训 练 清 单

项目编号：5.1   项目名称：**标准模型制作**   子项目名称：**单体建筑标准模型制作**

模型名称	意大利米兰世博会中国馆		小组成员姓名	组长：朱亿明
任务制作时间	4 周	完成效果		组员：张志贤　林仁善　陈伟然　严林彬

一、模型设计构思

    米兰世博会中国馆的主建筑正立面是整个建筑流线最高潮的部分——高耸的胶合木结构屋架，宛如"群山"造型。中国馆的建筑外形提取了传统歇山式屋顶的造型元素，从空中看，如同希望田野上的一片"麦浪"；从正面看，如同自然山水的天际线；从背面看，又像是城市的天际线。还有中国传统的抬梁式木构架屋顶。建筑外形为复杂曲面，内部空间变化多样，用模型表现其外观及内部结构，有一定难度。通过网络收集中国馆相关资料、购买相关书籍，并对资料和书籍进行了仔细研究，最后推算并绘制和完善了模型设计图纸。展示模型的制作工艺以细节取胜，所以表现中国馆建筑的展示模型必须认真研究建筑外观设计元素、内部构造特点，才能获得展示效果（图1）。

图1　效果图

二、训练清单

1. 方案设计图纸一套

2. 材料清单一份

3. 使用设备、工具清单一份

4. 模型作品一个

5. 成果呈现：实体模型、照片、视频

6. 作品制作工艺流程和工序编排

三、项目要求及评分标准

1. 模型设计制作细致、总体与局部兼顾，材料使用到位、表现力强	20分
2. 模型造型美观、空间尺度怡人、色彩比例和谐	15分
3. 作品外观整洁、图标比例尺摆放到位	10分
4. 制作工艺流程熟悉、设备操作熟练	20分
5. 项目任务单、项目报告单填写正确、完整	15分
6. 团队合作和谐，分工明确，能够妥善地解决项目实施过程中的问题	10分
7. 安全操作意识及设备的正确使用	10分

3. 项目训练报告书

项 目 训 练 报 告 书

项目编号：5.1 项目名称：标准模型制作 子项目名称：单体建筑标准模型制作

模型名称	意大利米兰世博会中国馆展示	小组成员姓名	组长：朱亿明
任务制作时间	4周 完成效果 优		组员：张志贤 林仁善 陈为然 严林彬

一、制作可行性分析

基于原创的模型作品，都需要对模型的建筑设计方案、材料获取、工艺方式这三个方面的可行性进行分析，只有全面考虑了这三个方面的分析，才有可能按计划完成创作。

（1）设计方案。选取米兰世博会中国馆，根据收集的资料，完成建筑设计平面、立面、剖面图纸。为了更好、更完美地体现整个建筑的外观与细节，还对建筑的某些细部进行了描绘画图。

（2）材料获取。米兰世博会中国馆以木构造建筑为主，在模型表现上，材料比较容易获取。

（3）工艺方式。小组团队分工合作，每个工艺步骤分解出去，形成任务清单。

二、模型设计过程

1. 模型图纸设计

根据查阅和收集的资料，对中国馆建筑模型的平面、立面、细节进行推测与绘制。

（1）场地设计。整体建筑与环境联系比较紧密，主要模型采用木材和有机玻璃等模型材料制作，材质上的对比使主体更为突出。建筑与环境充分运用了点、线、面的几何构成，简洁而富有节奏、动感。模型主要分为四个展示模块：①单个建筑主体模型；②建筑规划模型；③建筑梁架等建筑细部展示模块；④作品展览展板模块。展示模块高低落错，有前有后，形成一种展览的空间变化与纵深感（图2）。

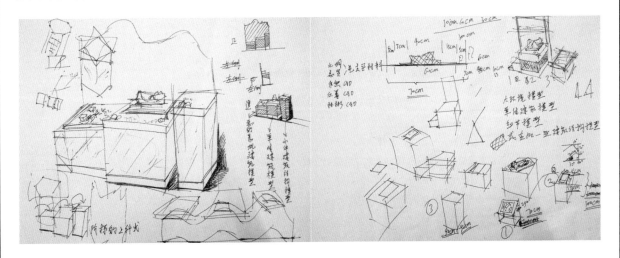

图2 模型方案构思设计图

（2）建筑设计。整个建筑的造型比较难，模型尽可能还原了内部复杂空间结构和瓦片的肌理与色彩。瓦片的制作，用1mm厚的薄木板进行切割，共雕刻了1000片。瓦片需要进行二次加工处理：先涂刷清漆和天那水，再晾干，最后对屋顶转角部位的瓦片进行切割。所有的细节设计处理一一记录，以便为后期出CAD图纸提供参考。

（3）灯光效果设计。灯的造型、色彩、光源的颜色、大小、布灯图等，均要一一确定。

（4）方案确定。先把模型设计构思方案用草图表达出来，便于团队的讨论及后期深化。草图方案确定后就是运用CAD、3ds Max等软件进行深化设计（图3）。

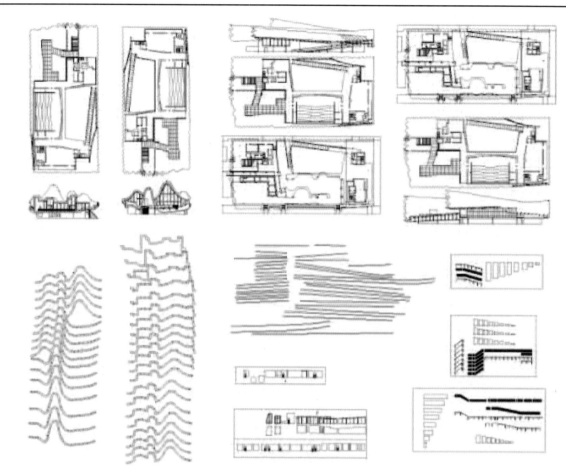

图 3　模型平、立面图及建筑构件 CAD 图

2. 图纸输出

根据购买的书籍与网上收集的一些平面图、立面图和大样图画出一整套模型方案图纸。

三、材料与设备选择分析

1. 材料选择分析

根据前期可行性分析、模型设计方案进行选择。

（1）材料选择。确定表现建筑主体、底板、瓦面、背景的主材、辅材。米兰世博会中国馆的整体色调是木色，材料多为木材，所以模型主要采用木材制作，制作地下层时采用了厚木板，制作墙体时用的是薄木板，制作屋顶的时候采用了最薄的模板进行雕刻，透明界面采用有机玻璃。

（2）填写材料清单。

2. 设备工具选择分析

（1）设备工具选择。选用钳、锤、钉、美工刀、针筒、刻度尺、打火机等。

（2）填写设备工具使用清单。

案例 5.1
模型制作材
料和设备工
具清单

四、模型制作过程

1. 开料

大部分模型部位都采用木材来制作。根据图纸资料进行开料，运用激光雕刻机和人工方法对材料进行开料，将建筑块面、顶面、窗、门、内部构件、瓦片等刻好，并按照图纸尺寸裁剪切割好（图 4）。

2. 底板制作

（1）底板布局。根据项目图纸要求，规划好模型的主次部分，预留比例尺、指北针、作品名称、制作者等相关信息的位置。

（2）底板制作。本案模型底板制作是直接根据建筑的地形结合而做。

续表

图4 开料

3. 主体建筑制作

按照设计图纸、资料图片的形状、尺寸，裁切好木板、有机玻璃、瓦片、梁架，并抛光打磨各个构件以便于粘贴组合。主体建筑模型底板与建筑地形相结合。雕刻好的瓦片粘贴在建筑屋顶上，然后将屋顶梁架与建筑墙面相粘接。建筑前面的麦道景观采用小木条进行表现。细节的制作非常烦琐，需要事先制订详细的任务分配清单，以便有条不紊地进行制作。建筑主体及细节制作工艺如图5所示。

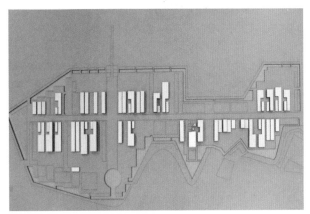

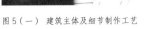

图5（一） 建筑主体及细节制作工艺

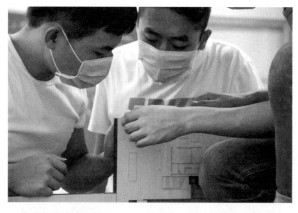

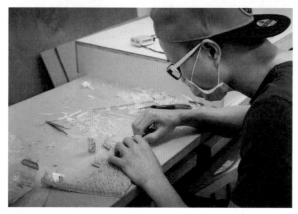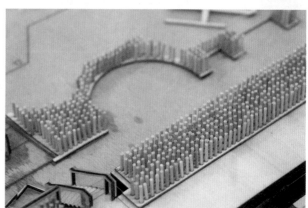

图 5（二） 建筑主体及细节制作工艺

4. 灯光制作工艺

因为建筑主要是木材所做，所以建筑基本为暖色，为了跟整个建筑形成一种对比，所以我们选了白色的冷光跟暖色形成对比，且采用了小 LED 灯，安装在梁架和一些比较隐蔽的角落，基本看不见安装的线路，更好的完美展示模型。

5. 组合拼装

建筑各个部分组合拼装、并附上标题、比例尺和指北针。结合之前已经做好的场景，把模型的各个部分组装成型。各个块件的组合拼装如图 6 所示。

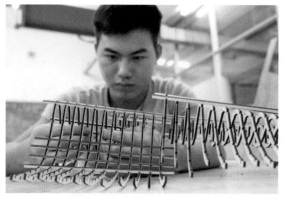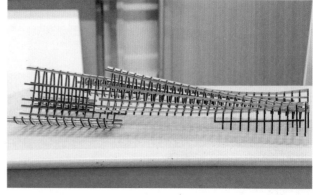

图 6（一） 模型组合拼装及工艺流程步骤

图6（二）　模型组合拼装及工艺流程步骤

五、模型作品展示

模型作品分白天、夜晚拍摄，通过不同角度的拍摄，可以更好地反映建筑模型的空间效果、材质、肌理、色彩等的对比与工艺品质（图7、图8）。对于传统民居建筑，更是要把室内空间构造的细节美拍摄出来。模型展览及制作团队如图9所示。

图7（一）　白天效果展示

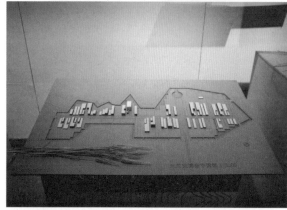
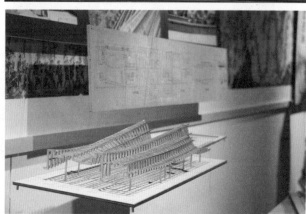

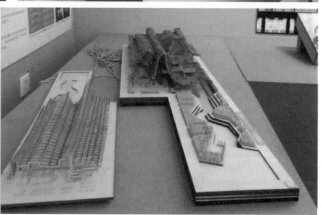

图 7（二）　白天效果展示

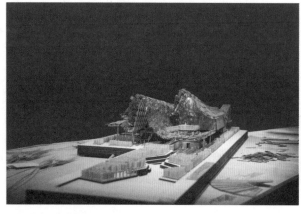

图 8　夜晚灯光效果展示

续表

图9 模型展览及制作团队

案例 5.2
项目训练清
单和报告书

案例 5.2 单体建筑标准模型——华侨城龙舟汇（广东顺德龙舟博物馆）

案例 5.3 组合建筑标准模型——冰岛 Landsbankinn 银行

案例视频

案例 5.2
模型设计
制作

1. 项目案例背景

冰岛 Landsbankinn 银行于 2008 年由冰岛政府创建，是冰岛最大的银行之一，历史可以追溯到 1885 年。自成立以来，冰岛国民银行一直是冰岛国有企业。冰岛上，有 200 座年轻的火山、千年不化的冰原，源源不绝的地热从地下迸出。通过了解冰岛当地地理环境和人文文化，将其特点与元素融合在建筑体上，让整个建筑与岛上的环境相融合。建筑外观肌理效果，是制作团队计划通过模型制作工艺重点表现的内容之一。

2. 项目训练清单

项 目 训 练 清 单

项目编号：5.3　　　　　　项目名称：标准模型制作　　　　子项目名称：组合建筑标准模型制作

模型名称	冰岛 Landsbankinn 银行			小组成员姓名	组长：卢淑婷 康文彪
任务制作时间	4 周	完成效果	优		组员：邓钜昶 黄裕琼 伍美华
一、模型设计构思					

位于雷克雅未克的冰岛最大银行 Landsbankinn 的新大楼不仅是银行办公楼，也是该城市的住宅。该建筑的设计灵感源于冰岛上的火山玄武岩石构造。模型设计之前，我们了解了冰岛当地地理环境和历史人文，将其特点与元素融合在建筑体上。第一阶段深入推敲模型的具体数据，绘制完整的模型设计构思图，随后进入模型设计与制作阶段（图 1）。

图 1　Landsbankinn 银行效果图

二、训练清单

1. 方案设计图纸一套

2. 材料清单一份

3. 使用设备、工具清单一份

4. 模型作品一个

5. 成果呈现：实体模型、照片、视频

三、项目要求及评分标准

1. 模型设计制作细致、总体与局部兼顾，材料使用到位、表现力强	20 分
2. 模型造型美观、空间尺度怡人、色彩比例和谐	15 分
3. 作品外观整洁、图标比例尺摆放到位	10 分
4. 制作工艺流程熟悉、设备操作熟练	20 分
5. 项目任务单、项目报告单填写正确、完整	15 分
6. 团队合作和谐，分工明确，能够妥善地解决项目实施过程中的问题	10 分
7. 安全操作意识及设备的正确使用	10 分

3. 项目训练报告

项 目 训 练 报 告 书

项目编号：5.3　　　　　　项目名称：标准模型制作　　　　子项目名称：组合建筑标准模型制作

模型名称	冰岛 Landsbankinn 银行		小组成员姓名	组长：卢淑婷　康文彪
任务制作时间	4 周	完成效果　　优		组员：邓钜昶　黄裕琼　伍美华

一、制作可行性分析

　　在选取一个具有特色的建筑作品的基础上，都需要对模型的建筑设计方案、材料选取、制作工艺这三个方面的可行性进行考虑，只有全面分析和验证了这三个方面的因素，才有可能按计划完成创作。

　　（1）设计方案。选取的是冰岛最大银行 Landsbankinn 的新大楼。根据网络搜索的资料，完成建筑设计平面、立面、剖面图纸；为了更好地展示该模型内部的精彩结构，可以制作最具特色的局部小模型，并完善结构图纸。方案确定后，进入图纸绘制阶段。

　　（2）材料选取。Landsbankinn 银行位于冰岛，当地的自然景观和该建筑的特色，选用木板和通透的亚克力板能更好地予以表现。

　　（3）制作工艺。小组团队分工合作，每个工艺进行步骤分解，形成任务清单。

续表

二、模型设计过程

1. 模型图纸设计

模型图纸设计需要体现 Landsbankinn 银行位于冰岛的设计理念，强调方案中的主体建筑，配以周边环境，形成建筑与环境的空间对比。

（1）地形设计。整体建筑采用木材和透明亚克力板材料制作。Landsbankinn 银行坐落于沿海地区，附近有较多的建筑群体。建筑与环境的场地比较规整，模型底盘与地形设计比较简单。建筑整体的几何感强，富有高低错落的节奏感，如图 2 所示。

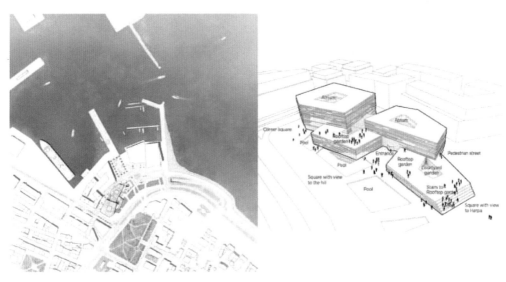

图 2　场地分析图

（2）建筑肌理质感。对原有建筑表面的肌理质感进行解读，材料、色彩等方面的分析有利于在模型制作时选取恰当的材料，以达到逼真的制作效果。

（3）建筑空间组合关系。对每个单体建筑的各个立面，以及空间局部与环境的关系进行分析（图 3），并用效果图表现。

可以参考网上关于该建筑的设计资料，包括模型。在制作过程中，制作团队应当根据自身的能力与客观条件做设计调整，即二次设计获得最佳模型方案。

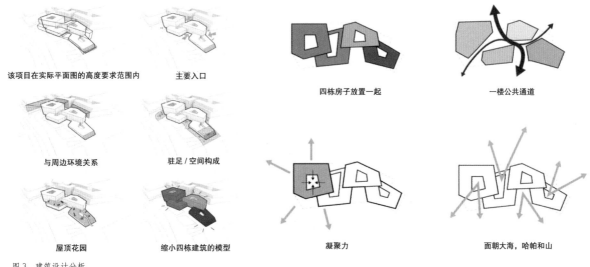

该项目在实际平面图的高度要求范围内　　　　主要入口　　　　　四栋房子放置一起　　　　　一楼公共通道

与周边环境关系　　　　驻足 / 空间构成　　　　　凝聚力　　　　　面朝大海，哈帕和山

屋顶花园　　　　缩小四栋建筑的模型

图 3　建筑设计分析

2. 方案确定

该模型的有关数据由小组团队推算得出，并用 CAD 软件绘制总平面图。

3. 图纸输出

把需要落实在底板上的图形，包括按照网上已有资料绘制的具体平面方案 CAD 图纸、建筑平面图和立面图打印输出，用激光雕刻机雕刻在底板上（图4、图5）。

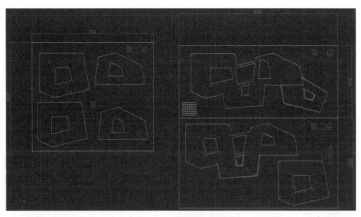

图 4 模型方案平面图

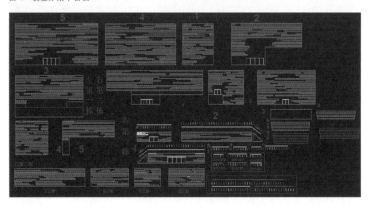

图 5 建筑平面、立面 CAD 图

三、材料与设备选择分析

1. 材料选择分析

根据前期可行性分析、模型设计方案进行选择。

（1）材料选择。确定表现建筑主体底板外墙的主材、辅材以及制作工具。选择较能表现景观效果的草粉与木屑做建筑顶部景观设计；选择 5cm 厚的板做支撑。

主材：厚度为 1mm、2mm 的亚克力板，厚度为 1mm、2mm 的木板。

辅材：粘贴的 401 胶水，U 胶，白乳胶等。

（2）填写材料清单。

2. 设备工具选择分析

（1）设备工具选择。这个标准建筑单体模型对工具的要求比较低，本案的空间构成模型的制作工具是很常见的镊子、剪刀。但为了展示主体建筑结构严谨而不规则的形状，选择的亚克力板和木板需要用激光雕刻机切割和雕刻，从而展示其细腻的一面。而配景部分则简单带过。

（2）填写设备工具使用清单。

案例 5.3
模型制作材料和设备工具清单

四、模型制作过程

1. 开料

冰岛 Landsbankinn 银行建筑模型外观的质感肌理丰富，需要使用激光雕刻机在雕刻过程中烧焦少许的木边缘来表达；而模型整体较为通透，为了突显冰岛当地的环境特征，须以亚克力板与木板结合来体现。经过上一步骤的材料选择分析，完成材料购买后，根据图纸资料就可以进行开料了。将所需材料运用激光雕刻机和手工结合进行材料开料（图6、图7）。

续表

图 6 材料采购准备与开料

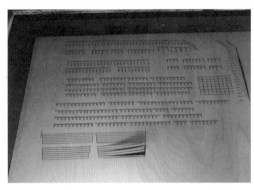

图 7 用激光雕刻机打印、开料

2. 底板制作

（1）底板布局。根据项目图纸要求，规划好模型的主次部分，留有比例尺、指北针、作品名称、制作者等相关信息位置。

（2）底板制作。本案模型底板利用激光雕刻机雕刻建筑模型位置及周边景观（图 8）。

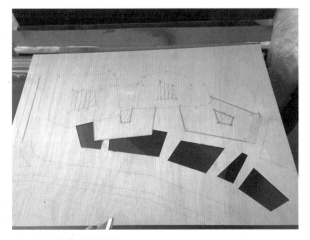

图 8 激光雕刻机雕刻的底板

3. 主体建筑制作

在地形设计的基础上，完成主体建筑的设计制作。根据绘制好的建筑平面图，分别切割出相应的模型平面和立面，然后进行粘贴组合，做好灯光效果的电路布局。

1）局部制作。按照设计图纸和资料图片裁切好木板、亚克力板，抛光打磨各个构件以便于粘贴。为了展现室内空间，采用透明亚克力做玻璃幕墙，结合灯光照明设计，体现建筑模型的特色（图 9）。

2）主体建筑制作。将局部制作的墙、楼板等小块件按照顺序依次粘贴，完成主体建筑模型制作（图 10）。

图 9　局部制作

图 10　建筑主体及细节

4. 灯光制作

结合建筑特点，在灯光设计时，为了透出暖色的灯光，室内采用口径较大的低电压灯泡，灯光效果更加温馨，并可展现建筑空间层次。为了隐藏灯光底部总开关的电线，采用木框架来抬高底座（图 11）。

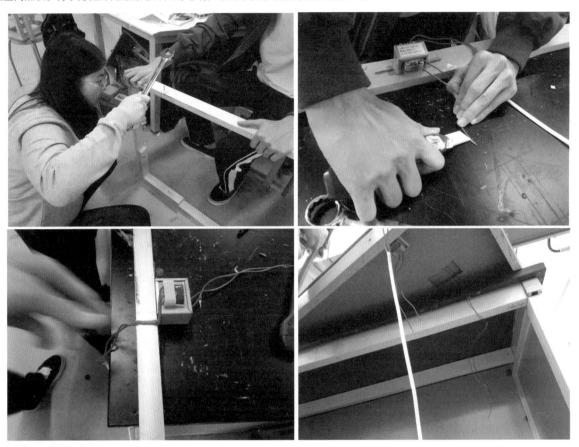

图 11　灯光电路安装

比例尺、指南针等则利用剩余材料制作完成并粘贴在底板上即可。

五、模型作品展示

通过不同角度的拍摄，可以更好地反映建筑模型的空间效果、材质、肌理、色彩等的对比与工艺品质（图 12）。灯光效果设计在标准模型制作中可以不需要设计制作。但是制作团队在模型制作过程中，希望能展现更好的效果，因此总会再继续拓展完成这个步骤。

图 12（一）　模型展示效果

图 12（二）　模型展示效果

案例 5.4　组合建筑标准模型制作
——墨西哥城国家图书馆

案例 5.5　组合建筑标准模型制作
——浙江义乌博物馆

拓展学习　　　拓展学习　　　案例视频

案例 5.4 项目训练清单和报告书

案例 5.5 项目训练清单和报告书

案例 5.5 模型设计制作

案例 5.6　组合建筑标准模型制作——太白山·唐镇局部建筑

案例 5.7　组合建筑标准模型制作——昆山计家大院

拓展学习	案例视频	拓展学习	案例视频
案例 5.6 项目训练清单和报告书	案例 5.6 模型设计制作	案例 5.7 项目训练清单和报告书	案例 5.7 模型设计制作

案例 5.8　组合建筑标准模型制作——长沙梅溪湖国际文化艺术中心

拓展学习

案例 5.8 项目训练清单和报告书

案例视频

案例 5.8 模型设计制作

5.2　景观设计类标准模型制作

　　景观设计类标准模型主要表达整体环境中的建筑、景观、道路、河湖水系等的规划与设计逻辑关系或者环境风貌，注重整体效果，不刻意表现某一建筑。常用的比例一般为 1∶1000～1∶500，色彩效果以单色系或材料原色为主。景观规划类模型可以是城市绿地景观规划模型（包括公园绿地、生产绿地、防护绿地、附属绿地和其他绿地五大类的景观规划设计模型）、围绕低碳节能主题的生态景观与建筑巧妙结合的景观与建筑模型、城市规划或城市局部规划沙盘模型等。本项目以公共绿地景观规划模型与生态景观与建筑结合模型为例，介绍景观规划类模型的制作工艺，其他不同景观类型的模型制作工艺相似。

5.2.1　城市绿地景观规划模型

　　城市绿地景观规划设计，属于风景园林规划设计、园林景观设计、环境景观设计等项目模型，是建筑、环境设计、风景园林、城市规划等专业需要学习设计制作的一类模型作品，也是建筑模型的一个重要组成部分。在房地产业高速发展的当今，越来越多相关行业的人在了解其制作工艺，通过案例解析，不仅熟悉景观模型的设计与制作，而且会更加深刻了解景观与建筑模型的联系与区别点（图 5.2、图 5.3）

图 5.2　度假村园林景观规划模型

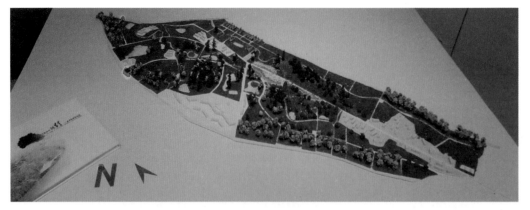

图 5.3 农业生态园景观规划模型

5.2.2 景观与建筑模型

这是既有景观设计也有建筑表现的模型。在建筑与景观模型中，除建筑主体、道路、铺装之外，大部分面积属于绿化。所以，绿化环境模型的制作也是建筑与景观模型制作的重点部分。绿化形式多种多样，包括树木、绿篱、草坪、花坛等。绿化的表现形式不尽相同，其总体上的要求是：有统一的风格，且不破坏建筑主体间的关系。用于制作绿化模型的材料很多，常用的有植绒纸、即时贴、大孔泡沫、绿地粉等。市场上还有各种成型的绿化材料，受成品材料种类与价格等因素的制约而未被广大制作者接受。生活中很多物品甚至是废弃物通过加工即可成为绿化模型的材料。根据地形起伏高低不同，制作时可分为平整绿地景观模型与山地景观模型。

案例 5.9 景观与建筑标准模型制作——深圳"漂浮群岛"天桥公园

1. 项目案例背景

本项目案例是万科作为龙岗片区三网融合的代建单位为该片区设计的慢型交通系统，其中包含了 8 条天桥的整体交通体系规划。其中，建筑与景观融合度最高的二号连廊称"漂浮群岛"。"漂浮群岛"中的每一个"岛"都是不同人群在喧闹世界中的一片属于自己的"孤岛"，人们可以在这里找到自己的舒适空间，既可以融入人群，又可以独立于人群。设计通过人流、视线、风光、使用功能需求等一系列分析得出二号连廊的规划结构与布局，以"漂浮群岛"的概念——"人流似水，分行成岛"进行景观深化。设计在满足天桥作为通行基本需求的同时，扩展了桥面空间的可能性，使传统意义上的城市天桥成为趣味盎然的公园。

项目团队选择制作立体的垂直花园、天桥公园，体验立体空间与住宅建筑不一样的尺度。

2. 项目训练清单

项 目 训 练 清 单

项目编号：5.9　　　　　　　　　　项目名称：标准模型制作　　　子项目名称：景观与建筑标准模型制作

模型名称	深圳"漂浮群岛"天桥公园		小组成员姓名	组长：薛明娇　林健浩
任务制作时间	4 周	完成效果	优	组员：李碧瑶　潘秋华　林庆楠
一、模型设计构思				

通过"漂浮群岛"的模型制作，探索人行天桥与周边建筑、道路的衔接关系以及立体式景观设计的空间尺度要求。模型方案如图 1 所示。

续表

图1 模型方案

二、训练清单

1. 方案设计图纸一套

2. 材料清单一份

3. 使用设备、工具清单一份

4. 模型作品一个

5. 成果呈现：实体模型、照片、视频

6. 作品制作工艺流程和工序编排

三、项目要求及评分标准

1. 模型设计制作细致、总体与局部兼顾，材料使用到位、表现力强	20分
2. 模型造型美观、空间尺度怡人、色彩比例和谐	15分
3. 作品外观整洁、图标比例尺摆放到位	10分
4. 制作工艺流程熟悉、设备操作熟练	20分
5. 项目任务单、项目报告单填写正确、完整	15分
6. 团队合作和谐，分工明确，能够妥善地解决项目实施过程中的问题	10分
7. 安全操作意识及设备的正确使用	10分

3. 项目训练报告书

项 目 训 练 报 告 书

项目编号：5.9   项目名称：标准模型制作   子项目名称：景观与建筑标准模型制作

模型名称	深圳"漂浮群岛"天桥公园			小组成员姓名	组长：薛明娇 林健浩
任务制作时间	4周	完成效果	优		组员：李碧瑶 潘秋华 林庆楠

一、制作可行性分析

（1）设计方案。完成整套景观与建筑模型设计方案，包括平面图、立面图、剖面图CAD图纸以及三维效果图。图纸尺寸到位，便于计算模型材料的用量和准确开料。本模型图纸资料比较齐全，方案效果优良。

（2）材料方案。本方案决定采用白色亚克力板、ABS板、木板进行制作。

方案及材料确定后，需要比较简单的制作工具，可以进行下一步的工序。

二、模型设计过程

1. 模型图纸设计

模型图纸设计体现深圳"漂浮群岛"天桥公园建筑设计理念，并且突出天桥公园建筑的细节，弱化周边环境。

（1）场地规划设计。天桥公园规划比较平整，模型中的绿地及花圃需要地形变化起伏，以使主体建筑更加自然、真实，制作按照方案图纸中道路、建筑、绿地、楼梯的分区设计即可。天桥公园是整个模型的重心，周边的建筑弱化表现即可。

（2）建筑设计分析。天桥公园建筑模型的结构略微复杂，虽然是规则的力学结构，但楼梯和天棚的制作难度较大。

（3）方案确定。根据从网上收集的资料以及前期的制作可行性分析，综合考虑材料、设备及制作工艺，确定模型中的绿地景观和建筑方案，出具总平面CAD图。

2. 图纸输出

把需要落实在模型底板上的图形（包括总平面方案图、天桥公园建筑平面和立面图）用CAD软件绘制并打印输出，然后手绘在模型底板上，或用复写纸描绘，复制在底板上，确定好建筑物的位置（图2）。

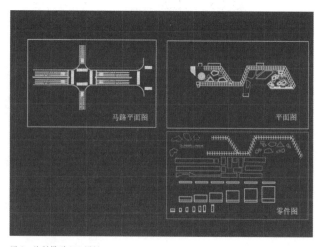

图2　绘制模型CAD图纸

三、材料与设备选择分析

1. 材料选择分析

（1）材料选择：亚克力、ABS板、木板等。

（2）填写材料清单。

2. 设备工具选择分析

（1）设备工具选择：主要以激光雕刻机、电热丝锯、电磨笔为主，加上一般的制作工具。

（2）填写设备工具使用清单。

案例5.9
模型制作材料和设备工具清单

四、模型制作工艺流程

1. 底板制作

（1）底板布局。根据项目图纸要求，规划好模型的主次部分，进行模型空间划分。

（2）底板制作。根据模型方案图纸，缩放组合建筑的比例，确定地板的尺寸大小，然后选择恰当的底板尺寸，本案例模型建筑比例定为1：200，选择3mm厚的木板制作。后期安装制作灯光效果，以体现建筑空间层次。

2. 组合建筑制作

按照设计图纸雕刻好亚克力板、ABS板，把建筑各个块面从平面到立面逐一拼接（图3），便于下一任务的粘贴组装。

案例视频

案例5.9
模型设计制作

图3　建筑模型制作过程

五、模型作品展示

最后，在模型作品上添加尺寸比例相对应的小汽车、人物模型等。分别在白天、夜晚拍摄模型作品，从不同角度展现建筑模型的空间效果、材质、肌理、色彩等的对比与工艺品质（图4）。

续表

图4（一）　模型作品展示

图4（二）模型作品展示

六、作品展览信息反馈
（1）景观与建筑标准模型制作训练可以促使学生熟悉园林景观的空间布局和规划设计，把握景观与建筑的空间关系。 （2）制作景观与建筑模型可以利用半成品的人、汽车、园林家具等模型来丰富空间尺度感受。 （3）制作工艺步骤要非常清晰，每个阶段都要拍摄记录，以便学习讨论。 （4）成果的展览有利于教学效果与评价。

案例 5.10　景观与建筑标准模型制作——杭州富文乡中心小学

拓展学习　　　　　案例视频

案例 5.10　　　　案例 5.10
项目训练清　　　　模型设计
单和报告书　　　　制作

5.3　知识拓展：配景模型的制作

拓展学习内容包括：

■水面模型的制作

■模型标题、指北针、比例尺的制作

■绿地模型的制作

■树木模型的制作

■绿篱、树池和花坛模型的制作　　　　　　扫码阅读

课后实训

选取一个规模不大的单体或者组合建筑、居住小区，可以是平时的建筑设计作业、园林景观规划设计作业，

在方案设计图纸做好之后，完成模型设计制作。具体要求如下：

1. 以小组的形式完成项目训练，3～5人为宜。

2. 完成建筑、居住小区的模型设计构思图纸。

3. 构思材料的选择、色彩搭配、模型的比例尺度。

4. 模型设计方案图纸一套。

5. 任务清单一份，任务报告单一份。

6. 建筑单体或者组合模型或者某园林景观规划模型1～2个。

7. 模型作品主题突出，特点鲜明。

8. 用相机记录项目实施的全过程，拍摄过程图片、花絮，制作1～2个微视频，每个视频时长3～8分钟。

第6章　展示模型制作

教学重点：■不同展示模型的设计与制作以及工艺流程

　　　　　■展示模型中建筑构件的细节制作、空间

教学难点：■传统建筑、室内剖面模型的设计制作

　　　　　■传统建筑构件的细节制作

　　　　　■展示模型灯光效果设计

关键词：建筑展示模型　室内展示模型

　　展示模型可以在建筑竣工前根据施工图制作，也可以在工程完工后按实际建筑物去制作。它的要求比标准模型更严格，精度和深度比标准模型更进一步，要将建筑物的材质、装饰、形式和外貌准确无误地表示出来。

　　展示模型主要用于教学陈列、商业性陈列、文化交流等。现在大型城市都建有规划展览场所，用来陈列相关的规划建设成果模型。展示模型分建筑展示模型与室内展示模型（图6.1）。无论是单体建筑还是组合建筑的展示模型，灯光效果设计与制作，都是不容忽视的一个工艺环节。标准建筑模型中，灯光效果设计与制作可以选择不做，但是在展示模型中，这个环节是必不可少的。

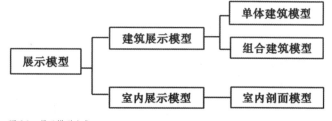

图 6.1　展示模型分类

6.1　建筑展示模型制作

　　建筑展示模型是以真实反映建筑为目的的模型。建筑展示模型的制作与标准模型相同，但在选材、用工上要

更胜一筹，其色彩、质感和效果更贴近真实建筑。会更细致地表现建筑的外观设计特点，如外墙线条、质感与肌理的特点，或者会更加突出建筑的风格特色，如不同地域风格的岭南建筑、徽派建筑等或者不同国度的民族建筑等均要细致刻画制作表现出来。从这个角度，建筑展示模型的制作工艺要比标准模型制作难度要大得多。

6.1.1　单体建筑展示模型

以单体建筑标准模型为基础，其设计制作可以根据制作者的想法，选择不同的表现方式。可以展示建筑的材料质感、灯光效果、建筑色彩、肌理，从一个特点重点突出展现模型的闪光点。模型制作并不是需要面面俱到，只要选择一个特点让其闪光，都能获得观众的认同。这不仅不会被看作制作粗糙，而是设计的个性（图6.2）。

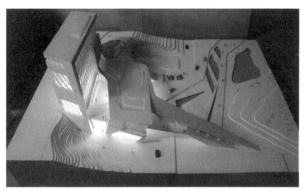

图6.2　单体建筑展示模型

6.1.2　组合建筑展示模型

组合建筑展示模型是以组合建筑标准模型为蓝本，其制作上更加注重组合空间的设计制作，例如庭院空间关系、庭院景观（绿地、树木、花池、花坛）、广场铺装或立交桥等模型的细化，其细节不必达到楼盘沙盘般的逼真效果，关键是交代清楚建筑与建筑组合中的联系空间的内容（图6.3、图6.4）。

图6.3　深圳音乐厅模型效果

图 6.4　深圳音乐厅模型灯光效果

案例 6.1　单体建筑展示模型制作——徽派传统民居建筑

1. 项目案例背景

传统民居建筑模型的设计与制作比方案概念性模型等要复杂、细致得多。本项目是学生原创作品。项目方案以安徽省黟县西递宏村古民居建筑为原形。徽派古民居的基本建筑形式是天井四合院楼居建筑，这种建筑形式的形成深受徽州独特的历史地理环境和人文观念的影响，具有较为鲜明的区域特色。

本方案是一套传统中国风的徽派民居建筑模型，以"天人合一"为设计概念，大量选用了徽派民居代表性元素，并结合了现代设计元素，将传统与现代进行了很好的融合。制作团队根据有限的图纸资料，经过交流讨论，整理出一套建筑图纸数据，融入了自己的设计理念与创意，对整体规划进行了思考与再创作。主体项目模型尺度不大，但是很好地展现了民居建筑艺术的意境与室内空间构造，抓住了传统徽派建筑的精髓，可作为典型项目案例。

2. 项目训练清单

项 目 训 练 清 单

项目编号：6.1　　　　　　　　项目名称：展示模型制作　　　　子项目名称：单体建筑展示模型制作

模型名称	徽派传统民居建筑		小组成员姓名	组长：林友坤　周俊鑫
任务制作时间	4 周	完成效果		组员：李耀棕　李超　汪静敏
一、模型设计构思				
徽派传统民居建筑精美，风格显著，但内部构造复杂，用模型表现外观及内部结构，有一定难度。为此，小组参考了相关的书籍来完善模型图纸的设计。展示模型的制作工艺以细节取胜，所以，表现传统民居古建筑展示模型，必须认真研究其外观设计元素和内部构造特点，才能获得展示的效果。出具完整的模型设计构思图，才能进入到模型设计与制作环节。				
二、训练清单				
1. 方案设计图纸一套				
2. 材料清单一份				
3. 使用设备、工具清单一份				
4. 模型作品一个				
5. 成果呈现：实体模型、照片、视频				

续表

6. 作品制作工艺流程和工序编排	
三、项目要求及评分标准	
1. 模型设计制作细致、总体与局部兼顾，材料使用到位、表现力强	20分
2. 模型造型美观、空间尺度怡人、色彩比例和谐	15分
3. 作品外观整洁、图标比例尺摆放到位	10分
4. 制作工艺流程熟悉、设备操作熟练	20分
5. 项目任务单、项目报告单填写正确、完整	15分
6. 团队合作和谐，分工明确，能够妥善地解决项目实施过程中的问题	10分
7. 安全操作意识及设备的正确使用	10分

3. 项目训练报告书

项 目 训 练 报 告 书

项目编号：6.1　　　　　　　项目名称：展示模型制作　　　　子项目名称：单体建筑展示模型制作

模型名称	徽派传统民居建筑		小组成员姓名	组长：林友坤　周俊鑫
任务制作时间	4周	**完成效果**	优	组员：李耀棕　李超　汪静敏

一、制作可行性分析

　　原创模型作品都需要对模型的建筑设计方案、材料获取、工艺方式进行可行性分析，只有全面考虑了这三个方面的情况，才有可能按计划完成创作。

　　（1）设计方案。选取某一栋徽派传统民居，根据收集的资料，完成建筑设计平面、立面、剖面图纸。仅仅做建筑的外观，趣味性和展示效果不大，还可以制作建筑的某个剖面，或包含建筑的天井四合院设计，突出主体建筑，左右厢房则弱化简洁设计，主次分明，整体效果更好。方案确定后，进入图纸绘制阶段。

　　（2）材料获取。徽派传统民居以木构造建筑为主，模型表现材料比较容易获取。

　　（3）工艺方式。小组团队分工合作，每个工艺步骤分解出去，形成任务清单。

二、模型设计过程

1. 模型图纸设计

　　模型图纸设计体现体育馆建筑设计方案理念，重点突出场馆建筑的细节设计，弱化周边环境。

　　（1）场地设计。建筑与环境的联系比较紧密，主要模型采用木材和吸管等材料制作。材质上的对比，使主体更为突出。建筑与环境充分运用了点、线、面的几何构成，简洁中富有节奏与动感。模型分主次，主要的是大模型建筑，次要的是周围几个小的结构模型建筑。结合周边环境山水的衬托和灯光的渲染，整个建筑模型给人以活灵活现的感觉（图1）。

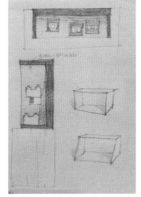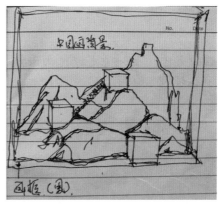

图1　模型方案构思设计图

（2）建筑设计：

1）建筑外观设计。在建筑外观上，徽派古民居高墙封闭，马头翘角，线条错落有致，粉墙黛瓦，古朴淡雅，色彩素净自然，而背部却构造精细，装饰用材粗犷，气势宏伟，非同凡响。作为传统建筑流派，融古雅、简洁与富丽于一身的徽式建筑仍然保持着独有的艺术风采。

2）细节设计。场地规划设计并不难，难的是其中的一个建筑模型设计，建筑的背部结构非常复杂，屋顶制作难度大，设计采用吸管制作2万多个4mm×4mm的瓦片，经过加工处理，给整个模型建筑增加了亮点。所有的细节设计处理一一记下，以便为后期出CAD图提供参考（图2）。

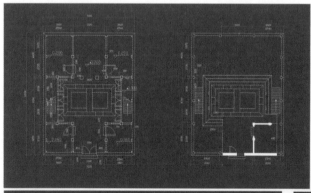
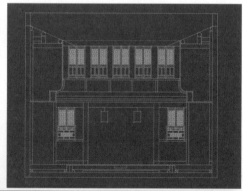

图2　部分细节的数据处理

（3）灯光效果设计。灯的造型、色彩、光源的颜色、大小、布灯图等，均要一一确定。

（4）方案确定。先把模型设计构思方案用草图表达出来，便于团队的讨论及后期深化。草图方案确定后就是运用CAD、3ds Max等软件进行深化设计。

由于是原创作品，需要收集与之相关的建筑风格与样式细节图，然后出具方案设计图（图3）。模型制作的方案图纸设计是对概念的表达。建筑模型，其设计制作的最大优势就是数据完整，均出自团队，虽然图纸资料绘制完成比其他团队临摹大师作品的建筑模型要稍微慢些，但当图纸出具完成，后期制作会非常快速、顺利。

图3（一）　模型平面、立面图

续表

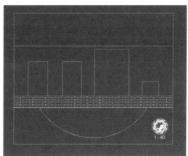

图3（二）　模型平面、立面图

2. 图纸输出

把需要落实在模型底板上的图形（包括总平面方案图，体育馆的建筑平面图、立面图）绘制打印输出，然后直接手绘在模型底板上，或者利用复写纸把方案图纸复印在底板上。

三、材料与设备选择分析

1. 材料选择分析

根据前期可行性分析、模型设计方案选择制作材料。

（1）材料选择。确定表现建筑主体、底板、瓦面、背景的主材、辅材。传统徽派建筑的白墙灰瓦、木构架，需要运用相似的木质材料、白色的 PVC 板、弧形的灰色瓦片等来概括地表现。

（2）填写材料清单。

2. 设备工具选择分析

（1）设备工具选择。钳、锤、钉、美工刀、勾刀、尺、锉刀、激光雕刻机、曲线锯等。

（2）填写设备工具使用清单。

案例 6.1 模型制作材料和设备工具清单

四、模型制作过程

1. 开料

传统民居建筑模型制作，材料的准备工作比较难。完成材料购买后，就可以根据图纸资料进行开料了。把所需材料运用激光雕刻机、人工方法进行开料。如图 4 所示的每个建筑块面、顶面、窗、门、内部斗拱构造、柱子、瓦片等材料，均按照图纸尺寸裁剪、切割好。

案例视频

案例 6.1 模型设计制作

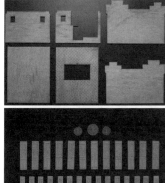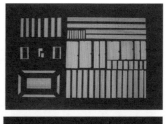

图4（一）　开料

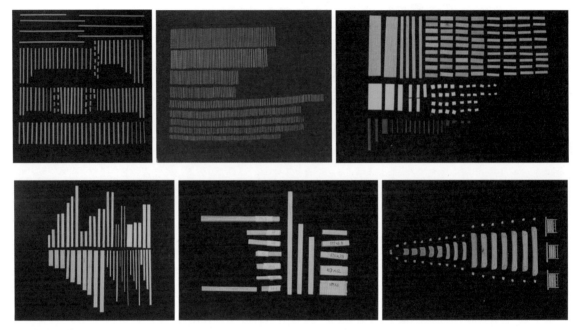

图4(二) 开料

2. 底板制作

(1)底板布局。根据项目图纸要求，规划好模型的主次部分，留有比例尺、指北针、作品名称、制作者等相关信息的位置。

(2)底板制作。本案模型底板需要结合场景一起设计制作，配合场景色彩、环境中的水塘、山景等。

3. 场景制作

为了更好地表达徽派传统民居建筑的山水画一般的意境，环境景观设计对底板、地形一起进行了场景处理，更加贴切地表现模型的特色。根据项目方案设计理念，按照图纸要求，确定底座、地形、环境景观的设计效果，确定面积、高度、制作材料、色彩等问题。

(1)环境制作。环境制作包括建筑背景山体，取景为黄山下的徽派传统民居，后有靠山、前有明塘。背景山体用木板切割成形，后期粘贴在建筑背面即可。水塘有一定高度，制作完成后可放入水、鱼儿，因此在底板制作时要充分考虑防水、高差等问题（图5）。

(2)色彩喷涂。使建筑与喷漆后的深色底板及背景相互映衬（图6）。

图5 模型的场景设计制作

续表

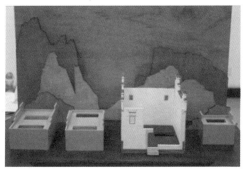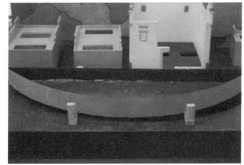

图6　经过喷涂的底板以及弱化的建筑方案模型

4. 主体建筑制作

按照设计图纸裁切好木板、PVC、瓦片，抛光打磨各个构件以便于粘贴，然后对各个小块件进行色彩处理。比较复杂的工作是整理建筑每个立面的材质。厚且硬度大的木料使用电脑雕刻机、激光雕刻机切割，而一般厚度的小木片可以用刀手工切割。制作建筑屋顶瓦片的透明饮料吸管，用剪刀切成小段，再用颜料涂成灰色。工艺细节比较烦琐，需要制订详细的任务分配清单，以便有条不紊进行（图7）。

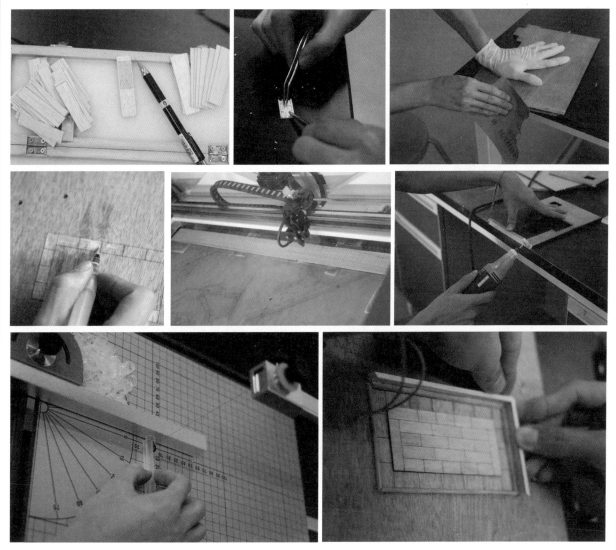

图7（一）　建筑主体及细节制作工艺

图 7（二）　建筑主体及细节制作工艺

5. 灯光制作

灯光设计结合建筑的特点，为了透出暖色的灯光，制作了多个红色的灯笼。室内灯光采用较大的低电压灯泡，灯光效果更加温馨和谐，既展示出建筑空间层次，也体现古建筑的韵味。详细的灯光效果制作方法与步骤参考第 3 章相关知识。灯光电路安装如图 8 所示。

图 8　灯光电路安装

6. 组合拼装

在底板上，将建筑各个部分组合拼装，最后贴上标题、比例尺和指北针（图 9）。比例尺、指北针可以利用剩余材料制作，形成整体效果（图 10）。

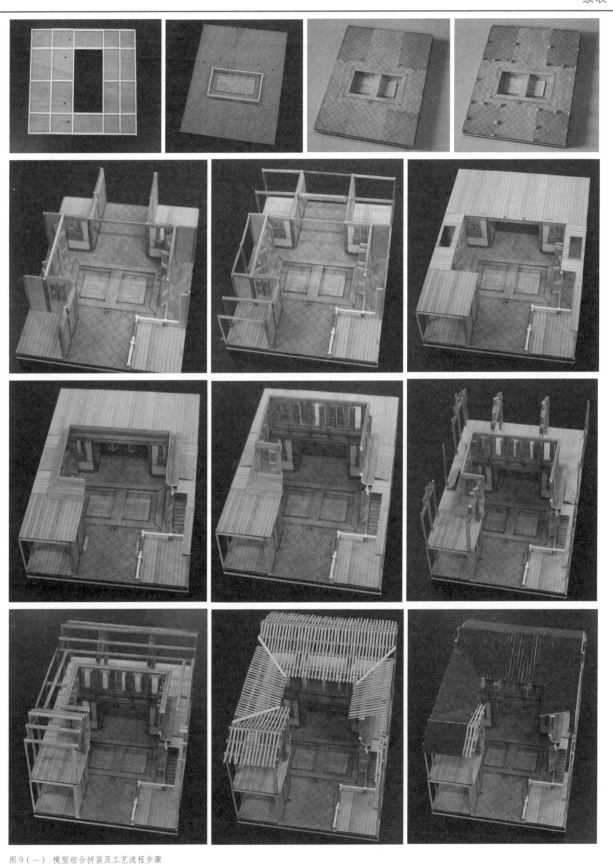

图 9（一） 模型组合拼装及工艺流程步骤

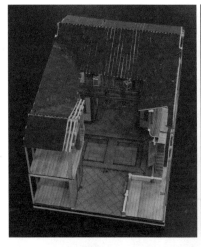

图 9（二） 模型组合拼装及工艺流程步骤

图 10　比例尺制作

五、模型作品展示

　　模型作品分白天、夜晚拍摄，通过不同角度的拍摄，可以更好地反映建筑模型的空间效果、材质、肌理、色彩等的对比与工艺品质（图 11、图 12）。对于传统民居建筑，更是要把室内空间构造细节美拍摄出来。模型展览及制作团队如图 13 所示。

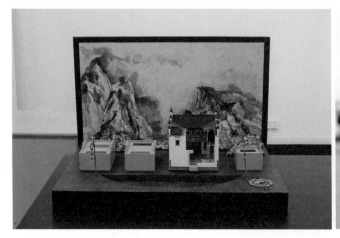

图 11（一）　白天展示效果

续表

图 11（二）　白天展示效果

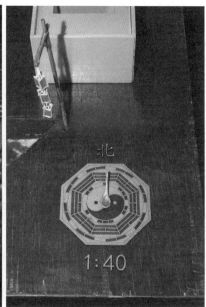

图 11（三） 白天展示效果

图 12 夜晚灯光效果

续表

图13　模型展览及制作团队

案例 6.2　单体建筑展示模型制作——福建衍香楼

案例 6.3　单体建筑展示模型制作——Cocoon 鸟巢酒店

拓展学习案例视频拓展学习

案例 6.2 项目训练清单和报告书　案例 6.2 模型设计制作　案例 6.3 项目训练清单和报告书

案例 6.4　组合建筑展示模型制作——肇兴侗寨

案例视频

案例 6.3 模型设计制作

1. 项目案例背景

肇兴侗寨位于贵州省黔东南苗族侗族自治州黎平县，是黔东南侗族地区最大的侗族村寨之一，也是全国最大的侗族村寨之一，素有"侗乡第一寨"之美誉。肇兴侗寨四面环山，寨子建于山中盆地，两条小溪汇成一条小河穿寨而过。寨中房屋多为干栏式吊脚楼，鳞次栉比，错落有致，全部用杉木建造，硬山顶覆盖小青瓦，古朴实用。在侗乡，无论是依山傍水的村寨、丰富多变的民居吊脚楼，还是形似宝塔的鼓楼、多姿多彩的风雨桥，都在建筑艺术上和建筑技术上独具风格，是中华民族建筑瑰宝之一。

制作小组讨论后，一致决定选题方向为传统古建，并选取了侗寨标志性建筑——鼓楼和风雨桥作为模型主体，再配合侗寨的特色民居以及当地的山体湖泊等自然风景进行制作，完美展示侗族传统建筑风貌。

2. 项目训练清单

项 目 训 练 清 单

项目编号: 6.4　　　　　项目名称: 展示模型制作　　　子项目名称: 组合建筑展示模型制作

模型名称		肇兴侗寨		小组成员姓名	组长: 黄政民
任务制作时间	4 周	完成效果			组员: 容方棉　罗玉凤　李晶敏
一、模型设计构思					

鼓楼是侗族聚居地特有的一种公共建筑物，是侗寨的标志。风雨桥则是侗族标志性文物，也是传统交通建筑，是一种集桥、廊、亭三者为一体的桥梁建筑，是侗族桥梁建筑艺术的结晶。小组讨论决定主要单体建筑模型为风雨桥及鼓楼，从中学习中国传统

建筑结构。侗族传统建筑建造结构复杂，外形秀丽庄严，设计精细多变，模型设计与制作有很大的挑战性。前期阶段通过图书馆、网络等各种渠道收集文字及图片资料并仔细、反复地讨论研究，最后推算出模型尺寸数据，确定图纸内容（图1）。

图1 实景图展示

二、训练清单

1. 方案设计图纸一套

2. 材料清单一份

3. 使用设备、工具清单一份

4. 模型作品一个

5. 成果呈现：实体模型、照片、视频

6. 作品制作工艺流程和工序编排

三、项目要求及评分标准

1. 模型设计制作细致、总体与局部兼顾，材料使用到位、表现力强	20分
2. 模型造型美观、空间尺度怡人、色彩比例和谐	15分
3. 作品外观整洁、图标比例尺摆放到位	10分
4. 制作工艺流程熟悉、设备操作熟练	20分
5. 项目任务单、项目报告单填写正确、完整	15分
6. 团队合作和谐、分工明确，能够妥善地解决项目实施过程中的问题	10分
7. 安全操作意识及设备的正确使用	10分

3. 项目训练报告书

项 目 训 练 报 告 书

项目编号：6.4　　　　　　　项目名称：展示模型制作　　　　子项目名称：组合建筑展示模型制作

模型名称	肇兴侗寨展示模型		小组成员姓名	组长：黄政民
任务制作时间	4周	完成效果 优		组员：容方棉　罗玉凤　李晶敏

一、制作可行性分析

原创模型作品需要分析建筑设计方案、材料获取、工艺方式。

（1）设计方案。选取肇兴侗寨传统建筑，根据收集的资料，完成建筑设计平面、立面、剖面图纸。为了更加完美地体现整个建筑的外观与细节，对建筑的细节进行了描绘画图。

（2）材料获取。建筑整体主要以木构架为主，为此在模型表现上，主要以木板木材为主，结合瓦楞纸等材料。材料较容易获取。

（3）工艺方式。小组团队分工合作，每个工艺步骤分解出去，形成任务清单。

二、模型设计过程

1. 模型图纸设计

根据查阅和收集的资料对风雨桥、鼓楼以及侗族民居建筑模型的平面、立面、细节进行了推测与绘制。

（1）场地设计。建筑与环境联系比较紧密，模型中的主要建筑为风雨桥和鼓楼，次要建筑为民居吊脚楼；环境方面主要是山地地形、水体、道路以及植物的表现，营造中国山水画般的意境。模型主要分为四个展示模块：①单个建筑主体模型；②建筑规划模型；③建筑梁架等细部展示模型；④展览用展板模型。集中展示建筑主体和环境部分，展示空间营造一种山谷宁静幽深、古色古香的韵味。

（2）建筑设计：

1）风雨桥建筑经过二次设计，呈现对称的形式。风雨桥集桥、廊亭、楼亭为一体，而鼓楼形态酷似宝塔，文献记载为"犹如游龙翘首，又如凤凰展翅"。

2）细节设计。风雨桥的电脑绘图和手工制作都十分精细，需要投入大量的时间和精力。建筑中的小部件（如瓦片、楞条、挂落、围栏等）都需要逐一设计，木构架建筑中的特殊结构的构筑物，经过研究，最终也顺利地完成了设计。所有的细节设计处理——记录，以便为后期出 CAD 图提供参考（图2）。

（3）灯光效果设计。灯的造型、色彩，光源的颜色、大小，布灯图等，均要一一确定。

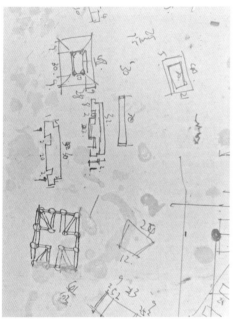

图2　部分细节的数据处理

（4）方案确定。先把模型设计构思方案用草图表达出来，便于团队的讨论及后期深化。草图方案确定后，运用 CAD、3ds Max 等软件进行深化设计（图3）。参考书籍、网上实景图片，完成平面规划设计图。

图3　模型方案效果图

2. 图纸输出

根据从图书及网络上搜集的平面图、立面图和大样图，画出一整套模型方案图纸（图4、图5）。

图4 模型CAD立面图

图5 模型细部CAD平面、立面图

三、材料与设备选择分析

1. 材料选择分析

根据前期可行性分析、模型设计方案进行选择。

（1）材料选择。确定表现建筑主体、底板、瓦面、背景的主材、辅材。侗寨建筑为木结构建筑，所以模型材料选择木板以及木色瓦楞纸，整体色调为暖调木色。制作底板采用厚木板，柱子、楞条采用木棒和木方条；屋顶瓦片采用薄木板；山体采用瓦楞纸；水体采用蓝色的透明胶片。

（2）填写材料清单。

2. 设备工具选择分析

（1）设备工具选择。镊子、美工刀、剪刀、注射器、尺子、打火机。

（2）填写设备工具使用清单。

案例6.4
模型制作材料和设备工具清单

四、模型制作过程

1. 开料

前期讨论完用料后，就外出进行采购，根据图纸资料进行开料。所有材料都是在学校模型室运用激光雕刻机、人工方法进行开料。图6中的每个建筑块面、顶面、窗、门、内部构造、瓦片等材料均按照图纸尺寸裁剪、切割好。

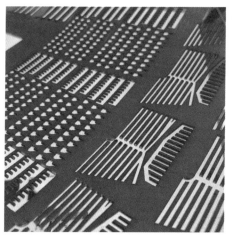

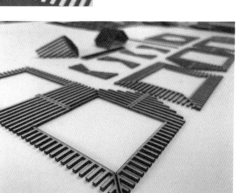

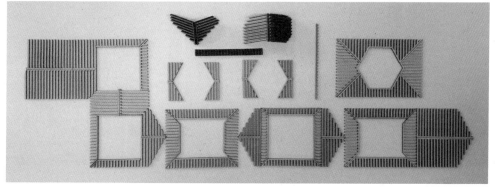

图6　开料

2. 底板制作

（1）底板布局。根据项目图纸要求，规划好模型的主次部分，留有比例尺、指北针、作品名称、制作者等相关信息的位置。

（2）底板制作。本案模型底板制作是根据建筑的地形进行制作，如山体，湖泊等。

3. 场景制作

侗族建筑及周边自然环境一体化展示。为了全面展示侗族建筑，不仅对建筑的外形进行了细致的制作，还对建筑的内部结构进行了制作，清晰地予以展示。除主体建筑外，还制作了简单的吊脚楼民居，以衬托主体的精致。周边自然环境以用瓦楞纸制作的山体、湖泊以及底板制作的道路，结合植物的简单造型，将整体模型规划出来（图7）。最后配合灯光以及干冰，将山谷盆地的地势、自然幽深的环境营造出来。

图 7 模型场景设计效果图

4. 主体建筑制作

主体建筑模型按照前期完成的图纸资料，用雕刻机雕刻木板而成，包括底板、梁架、楞条、瓦片、正脊、垂脊、挂落以及围栏等。木条用切割机按一定长度进行切割，所有构件进行打磨粘贴。在制作的过程中，曾遇到构件安装不了等问题，经过一次次反复地改图，最终完成。风雨桥楼亭的结构极其复杂，经多次尝试，得到最后的效果。

安装电源以及排布电线时，经过了反复的检查尝试，才完成。细节方面，雕刻机只能刻出部分构件，有些需要手工切割，才能以完美的形式体现。制作过程精细、复杂，需要组员们耐心、有条不紊地进行（图 8）。

5. 灯光制作

古建模型主要为木质材料，为了与整体建筑统一，选取黄色的小灯泡，将其安装在梁架下面，并将电线整理好，基本看不见安装线路，更好地完美展示模型。

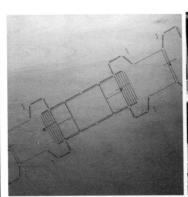

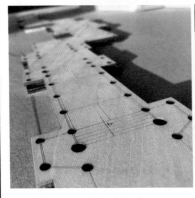

图 8（一） 建筑主体及细节制作工艺

图8（二） 建筑主体及细节制作工艺

6. 组合拼装

建筑各个部分组合拼装，并贴上标题、比例尺和指北针。结合之前已经做好的场景，把模型的各个部分组装成型（图9）。

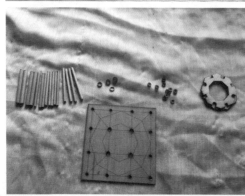 

图9（一） 模型组合拼装及工艺流程步骤

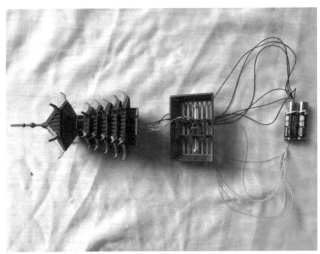

图9（二）　模型组合拼装及工艺流程步骤

五、模型作品展示

多角度拍摄可以更好地反映建筑模型的空间效果、材质、肌理、色彩等的对比与工艺品质（图10～图12）。对于传统民居建筑，更是要把空间构造细节美拍摄出来。在展览方式上，除展示大模型外，还有悬挂的规划模型、展板以及模型小部件的展示。规划模型主要展示整体的大环境，展板主要展示设计和制作过程。

图10　侗族建筑群模型白天展示效果

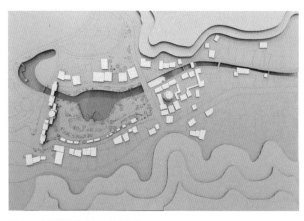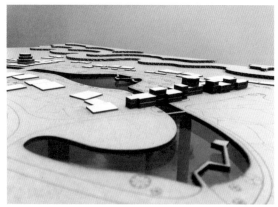

图11　侗寨规划模型白天展示效果

图12　夜晚灯光效果及制作团队

六、作品展览信息反馈

（1）组合建筑展示模型制作，需要将建筑最有特色的细节，用精细的设备雕刻打印，最后组合拼贴，才能突出建筑特色，取得展示效果。

（2）主次分明，重在建筑结构、造型以及细节展示，其他景观环境可适当简化或忽略。

（3）制作工艺步骤要非常清晰，每个阶段需要拍摄记录，以便学习讨论。

（4）成果的展览有利于教学效果评价。

案例6.5　组合建筑展示模型制作——荷兰鹿特丹释囚之家超级立方体

案例6.6　组合建筑展示模型制作——天府水上会议中心

6.2　室内展示模型制作

6.2.1　室内展示模型的特点

　　室内展示模型以揭示内部空间为主。如一个地产项目主推户型的内部情况，将其中的室内装修和家具布置表现出来。制作时要明确房间大小和底层平面尺寸，确定合适的比例，在此基础上做出墙体框架，并进行室内布置。室内展示模型尽管是以表现室内装修和家具布置为主，但其中的墙、柱、梁、门和窗等结构构件的尺度也非常重要，不可忽视。

　　室内展示模型的比例应大于1:75，再小就很难表现出家具的形状。所有要表现的物体都要按同一比例缩小，不清楚的要准确测量后再做。因为人们对家具尺度比较熟悉，做大或做小任何一件家具都容易被发现，给人以不协调的感觉，从而破坏模型的整体效果。对于大型公共建筑或者商业建筑，室内模型通常不会具体到家具等的表现，但会把每层的功能空间分割表现出来，能利于室内空间设计的展示与深化。

　　室内剖面模型具有较强的功能性、直观性和趣味性，往往比较生动、逼真，通常用于房地产销售中指导消费者选购户型（图6.5）。随着我国房地产业的迅速发展，室内剖面模型日益显示出其不可替代的表现力，是室内设计师用于构思创造室内空间的辅助设计手段（图6.6）；在设计产品的物业销售推广上，图纸更是不可比拟。

图6.5　室内剖面模型展示户型空间结构

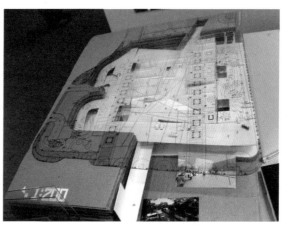

图6.6　室内剖面模型辅助完善设计方案

6.2.2　室内展示模型的类型

　　室内剖面模型根据具体制作和装饰表现分为横剖模型和纵剖模型。横剖是指从建筑的横断面即一般门窗的位置切开，用于表现室内房间的朝向、位置、关系、空间格局，展示不同空间的使用功能和

拓展学习

案例6.5
项目训练清
单和报告书

案例视频

案例6.5
模型设计
制作

拓展学习

案例6.6
项目训练清
单和报告书

案例视频

案例6.6
模型设计
制作

装饰气氛（图6.7）；纵剖模型是指从建筑的竖向切断，剖切位置中包括交通枢纽（电梯空间）和空间竖向变化丰富的部位，用于表现室内的纵向格局、不同楼层的功能分区、交通连接方式、空间立体变化等（图6.8）。也有的模型为了达到空间展示目的，了解更多的室内结构，会同时兼具横剖和纵剖的断面进行展示（图6.9），是目前室内展示模型制作趋势，也是目前各大高职院校毕业设计展览、课程汇报出现频率非常高的模型作品。

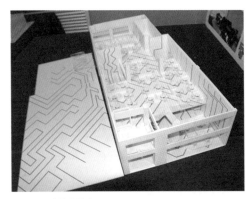

图 6.7　室内横剖模型

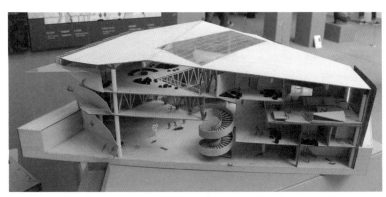

图 6.8　室内纵剖模型

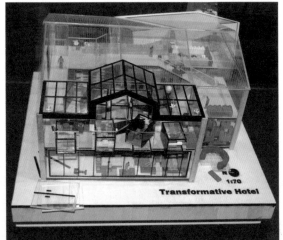

图 6.9　室内横剖与纵剖模型展示效果

　　制作室内纵剖与横剖面结合的展示模型，可以更好地表达室内展示模型的空间关系。横剖可以从竖向上分析建筑平面空间布局，纵剖可以观察建筑竖向立面空间结构。制作一个纵横剖面结合的模型作品，可以让学生深刻地体会建筑空间二维与三维之间的关系。

案例 6.7　室内展示模型制作——福建土楼华安二宜楼

1. 项目案例背景

本项目是学生在各种文献的辅助下进行复原的作品，侧重于室内与建筑结构的展示，属于二次设计的作品。项目方案以福建省漳州市华安县仙都镇大地村二宜楼为原型。二宜楼是我国圆土楼古民居的杰出代表，素有"土楼之王""国之瑰宝"之美誉，它以规模宏大、设计科学、布局合理、保存完好闻名遐迩，为全国重点文物保护单位。其建筑平面与空间布局独具特色，防卫系统构思独创，构造处理与众不同，建筑装饰精巧华丽，堪称"圆土楼之王""神州第一圆楼"，为福建省两大民系——客家民系、福佬民系之福佬民系地区单元式土楼的代表。

2. 项目训练清单

项 目 训 练 清 单

项目编号：6.7　　　　　　　项目名称：展示模型制作　　　　　子项目名称：室内展示模型制作

模型名称	福建土楼华安二宜楼	小组成员姓名	组长：陈健聪　李国威
任务制作时间	4周	完成效果		组员：龚铭甄　刘子川　聂旺　梁金屏

<table>
<tr><td colspan="4" align="center">一、模型设计构思</td></tr>
<tr><td colspan="4">　　根据有限的图纸资料，经过交流讨论，整理出一套建筑图纸数据，融入了自己的设计理念与创意，对整体的规划进行了思考与再创作，使得建筑模型作品得以面世。主体项目模型很小，但是通过展现建筑艺术、意境以及室内空间构造，很好地抓住了福建土楼的精髓，可作为解剖建筑室内构造的典型项目案例（图1）。</td></tr>
</table>

图1　福建华安二宜楼建筑

<table>
<tr><td align="center">二、训练清单</td></tr>
<tr><td>　1. 方案设计图纸一套</td></tr>
<tr><td>　2. 材料清单一份</td></tr>
<tr><td>　3. 使用设备、工具清单一份</td></tr>
<tr><td>　4. 模型作品一个</td></tr>
<tr><td>　5. 成果呈现：实体模型、照片、视频</td></tr>
<tr><td>　6. 作品制作工艺流程和工序编排</td></tr>
</table>

<table>
<tr><td colspan="2" align="center">三、项目要求及评分标准</td></tr>
<tr><td>　1. 模型设计制作细致、总体与局部兼顾，材料使用到位、表现力强</td><td>20分</td></tr>
</table>

2. 模型造型美观、空间尺度怡人、色彩比例和谐	15分
3. 作品外观整洁、图标比例尺摆放到位	10分
4. 制作工艺流程熟悉、设备操作熟练	20分
5. 项目任务单、项目报告单填写正确、完整	15分
6. 团队合作和谐，分工明确，能够妥善地解决项目实施过程中的问题	10分
7. 安全操作意识及设备的正确使用	10分

3. 项目训练报告书

项 目 训 练 报 告 书

项目编号：6.7　　　　　　　项目名称：展示模型制作　　　　　子项目名称：室内展示模型制作

模型名称	福建土楼华安二宜楼		小组成员姓名	组长：陈健聪　李国威
任务制作时间	4周	完成效果	优	组员：龚铭甄　刘子川　聂旺　梁金屏

一、制作可行性分析

（1）设计方案。选取华安二宜楼，通过借阅书籍和上网收集到的资料，绘制出所需的CAD图纸。展示上完全还原的展示性效果不是很好，经小组讨论以及老师指导，最后决定采用爆炸展示模型的展示方式。

（2）材料获取。二宜楼以土木材料为主，我们决定统一采用木板制作。

（3）工艺方式。小组团队分工合作，每个工艺步骤分解出去，形成任务清单。

二、模型设计过程

1. 模型图纸设计

模型图纸设计分为主体建筑和剖面建筑两部分，主要在于突出主体建筑。

（1）场地设计。采用剖面模型展示方式，不需要制作周边环境地形底座。

（2）建筑设计：

1）建筑外观设计。土楼高墙围绕形成环状。

2）建筑格局。外环楼通高18m，一至三层不开窗，四层只开小窗洞，且密布枪眼，底墙厚2.5m。圆拱形大门用花岗岩条石砌筑，设两重门板，内层铆上铁板，门后有双闩，门顶有泄水漏沙装置，可防火攻。四层楼上在泥墙与板壁之间有全楼贯通的"隐通廊"，还有小门与各户相通。

（3）方案确定。通过借阅图书馆的《福建土楼》图书，参照书上所提供的部分资料，通过组员间的讨论，绘制初步的CAD图。后期通过上网查阅资料，深化方案，绘制更详细的CAD图纸（图2）。

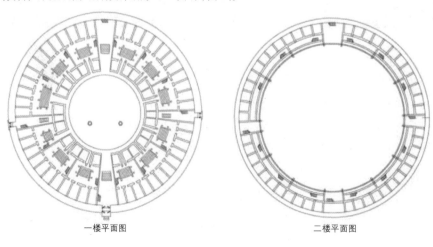

一楼平面图　　　　　　　　　　　二楼平面图

图2（一）　模型CAD平面图

续表

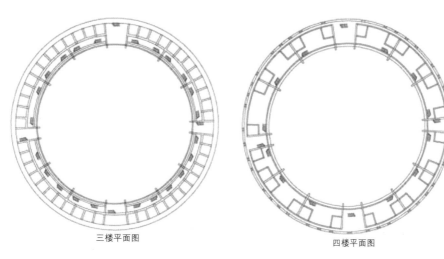

三楼平面图　　　　　　　　　　　四楼平面图

图2（二）　模型CAD平面图

2. 图纸输出

通过多次检验，把最终确定的CAD图保存，排好版，便于激光雕刻机打印。

三、材料与设备选择分析

1. 材料选择分析

根据前期可行性分析、模型设计方案进行选择。

（1）材料选择。以整体建筑为主体，剖面建筑为副体，统一采用木材，辅材包括木棍、白色丙烯、油漆、牛仔布、吸管等。

（2）填写材料清单。

2. 设备工具选择分析

（1）设备工具选择。钳、美工刀、勾刀、尺、锉刀、激光雕刻机、无极速曲线锯等。

（2）填写设备工具使用清单。

案例6.7
模型制作材
料和设备工
具清单

四、模型制作过程

案例视频

1. 开料

土楼外形简单，但内部空间复杂，需要计算好每一个部件的尺寸，才可以开料（图3）。

2. 主体建筑制作

按照设计好的图纸，把木料开好，准备好模型胶、镊子、模型刀等材料和工具，然后按照楼层把开好的料分好，从一楼开始拼装（图4～图6）。

案例6.7
模型设计
制作

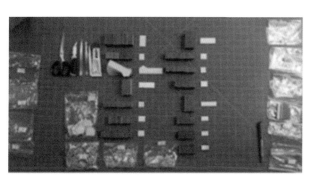

图3（一）　开料

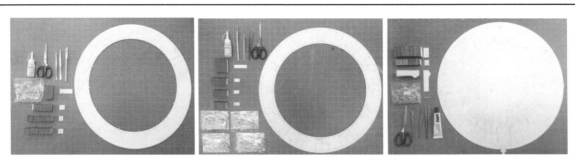

图 3（二） 开料

图 4　主体建筑及细节制作

图 5　模型拼装（一）

续表

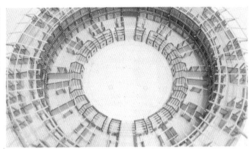

图6 模型拼装（二）

3. 室内剖面制作

开料后，将每一块料涂上木油加深材料颜色或刷丙烯改变原有颜色。块料晾干后，从底层依次向上搭建（图7）。屋顶瓦片，采用先把牛仔布粘贴在已经剪好的吸管上，再使用深灰色的喷漆在表面喷漆，加深牛仔布颜色的做法，加上牛仔布的纹理，达到逼真的效果。

最后，将比例尺竖向粘贴在模型上。

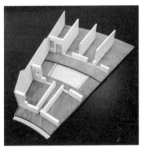
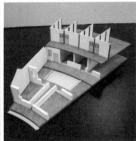
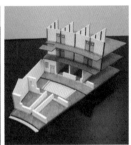
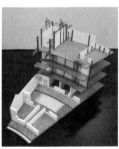

图7 建筑局部室内剖面拼装与工艺流程步骤

五、模型作品展示

模型作品通过全方位、不同角度的拍摄，可以更好地反映建筑模型的空间效果、材质、肌理、色彩等的对比与工艺品质（图8、图9）。对于传统民居建筑，更是要把室内空间构造细节美拍摄出来。模型展览及制作团队如图10所示。

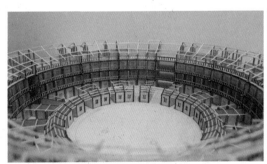
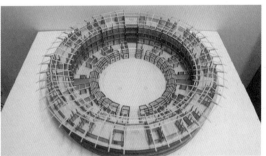
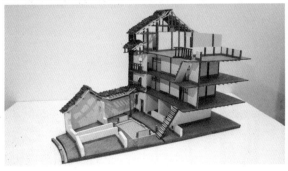
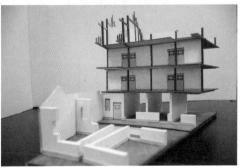

图8 主体建筑与室内剖面模型效果

图9（一）　模型细节展示

图9（二）　模型细节展示

图10　模型展览及制作团队

六、作品展览信息反馈

（1）通过室内剖面、分层、爆炸方式分析模型的制作，间接、全面地了解了建筑内外结构。

（2）通过大剖面模型的制作，了解建筑的尺度，将建筑的结构更加细化，并且宏观地展示到大众面前，清晰、大方。

（3）制作工艺步骤要非常清晰，每个阶段需要拍摄记录，以便学习讨论。

（4）成果的展览有利于教学效果与评价。

拓展学习　　　案例视频

案例 6.8
项目训练清
单和报告书

案例 6.8
模型设计
制作

6.3　知识拓展：建筑内外墙体、家具及装饰品制作工艺

拓展学习内容包括：

■建筑内外墙体制作工艺

■室内家具制作工艺

■室内装饰品制作工艺

扫码阅读

课后实训

选取平时的环境设计、室内设计作业或者建筑设计作业，以其最终方案图为蓝本，将其转化为室内剖面模型。具体要求如下：

1. 以小组的形式完成项目内容，3 ~ 5 人为宜。

2. 充分考虑建筑外观造型、室内空间结构、建筑结构、建筑光影以及与地形的关系，展现建筑特有的个性。

3. 模型材料选择可以多种类，比例、风格自定。

4. 模型设计方案图纸一套（包含展览形式的图纸表达）。

5. 项目清单一份，项目训练报告单一份。

6. 可选择完成制作建筑展示模型（单体或组合）1 ~ 2 个，或者室内剖面模型 1 ~ 2 个（可以是纵剖、横剖，也可以是综合）。

7. 用相机记录项目实施的全过程，拍摄过程图片、花絮，制作 1 ~ 2 个微视频，每个视频时长为 3 ~ 8 分钟。

第 6 章课件

参考文献

[1] 曾丽娟．建筑模型设计与制作 [M]．北京：中国水利水电出版社，2012.

[2] 张引，王维．建筑模型设计与制作 [M]．南京：南京大学出版社，2011.

[3] 吴健平．建筑模型制作与工艺 [M]．南昌：江西科学技术出版社，2016.

[4] 郎世奇．建筑模型设计与制作 [M]．北京：中国建筑工业出版社，1998.

[5] 李映彤，汤留泉．建筑模型设计与制作 [M]．北京：中国轻工业出版社，2011.

[6] 朱正基．建筑与景观模型设计制作 [M]．北京：海洋出版社，2009.

数字资源索引

微课视频

案例视频

知识拓展

拓展学习

课件